面向新工科高等院校大数据专业系列教材

信息技术新工科产学研联盟数据科学与大数据技术工作委员会 推荐教材

Big Data Technology
Foundation and Application

大数据技术
基础及应用教程

（Linux+Hadoop+Spark）

井 超 樊永生 乔钢柱 雷海卫 / 编著

机械工业出版社
CHINA MACHINE PRESS

本书从大数据技术相关概念出发，系统介绍了构建大数据平台的相关技术，并在此基础上进行离线数据分析和在线数据分析。全书共三篇，分为 7 章，内容包括技术基础篇、分布式集群篇、平台构建篇，第一篇包括大数据技术概述、大数据分析技术，第二篇包括 Linux 技术基础、Hadoop 技术基础及构建 Hadoop 集群、Spark 技术基础及构建 Spark 集群，第三篇包括构建基于 Spark 的实时交易数据统计平台、构建基于 Hadoop 的离线电商大数据分析平台。

本书以理论为基础，以实例为引导，完整阐述了如何从无到有搭建大数据平台，并在此平台基础上进行应用。本书配套资源丰富，包括教学 PPT、所有程序的源代码、相关集群虚拟机、扩展学习视频、课后练习题及答案，可方便授课教师教学及学生自学。

本书可作为高校数据科学与大数据技术等相关专业的教材，也可作为对大数据技术感兴趣的相关人员的参考用书。

本书配有授课教学资源，需要的教师可登录 www.cmpedu.com 免费注册，审核通过后下载，或联系编辑索取（微信：15910938545，电话：010-88379739）。

图书在版编目（CIP）数据

大数据技术基础及应用教程：Linux+Hadoop+Spark / 井超等编著 . —北京：机械工业出版社，2022.7（2023.6 重印）
面向新工科高等院校大数据专业系列教材
ISBN 978-7-111-71091-2

Ⅰ. ①大… Ⅱ. ①井… Ⅲ. ①Linux 操作系统-高等学校-教材 ②数据处理软件-高等学校-教材 Ⅳ. ①TTP316.85 ②P274

中国版本图书馆 CIP 数据核字（2022）第 113473 号

机械工业出版社（北京市百万庄大街22 号 邮政编码 100037）
策划编辑：王 斌 责任编辑：王 斌 解 芳
责任校对：张艳霞 责任印制：刘 媛
涿州市般润文化传播有限公司印刷

2023 年 6 月第 1 版·第 2 次印刷
184mm×240mm · 15 印张 · 321 千字
标准书号：ISBN 978-7-111-71091-2
定价：59.90 元

电话服务 网络服务

客服电话：010-88361066 机 工 官 网：www.cmpbook.com

010-88379833 机 工 官 博：weibo.com/cmp1952

010-68326294 金 书 网：www.golden-book.com

封底无防伪标均为盗版 机工教育服务网：www.cmpedu.com

面向新工科高等院校大数据专业系列教材
编委会成员名单

（按姓氏拼音排序）

主　　任　陈　钟

副 主 任　陈　红　　陈卫卫　　汪　卫　　吴小俊　　闫　强

委　　员　安俊秀　　鲍军鹏　　蔡明军　　朝乐门

　　　　　董付国　　李　辉　　林子雨　　刘　佳

　　　　　罗　颂　　吕云翔　　汪荣贵　　薛　薇

　　　　　杨尊琦　　叶　龙　　张守帅　　周　苏

秘 书 长　胡毓坚

副秘书长　时　静　　王　斌

出 版 说 明

党的二十大报告指出"加快发展数字经济，促进数字经济和实体经济深度融合，打造具有国际竞争力的数字产业集群。"当前，我国数字经济建设加速推进，作为数字经济建设的主力军，大数据专业人才需求迫切，高校大数据专业建设的重要性日益凸显，并呈现出以下四个特点：实用性、交叉性较强，专业设立日趋精细化、融合化；专业建设上高度重视产学合作协同育人，产教融合发展迅猛；信息技术新工科产学研联盟制定的《大数据技术专业建设方案》，使得人才培养体系、专业知识体系及课程体系的建设有章可循，人才培养日益规范化、标准化；大数据人才是具备编程能力、数据分析及算法设计等专业技能的专业化、复合型人才。

作为一个高速发展中的新兴专业，大数据专业的内涵和外延不断丰富和延伸，广大高校亟需能够系统体现大数据专业上述四个特点的教材。基于此，机械工业出版社联合信息技术新工科产学研联盟，汇集国内专家名师，共同成立教材编写委员会，组织出版了这套《面向新工科高等院校大数据专业系列教材》，全面助力高校新工科大数据专业建设和人才培养。

这套教材依照《大数据技术专业建设方案》组织编写，体现了国内大数据相关专业教学的先进理念和思想；覆盖大数据技术专业主干课程的同时，延伸上下游，涵盖云计算、人工智能等专业的核心课程，能够更好地满足高校大数据相关专业多样化的教学需求；引入优质合作企业的技术、产品及平台，体现产学合作、协同育人的理念；教学配套资源丰富，便于高校开展教学实践；系列教材主要参编者皆是身处教学一线、教学实践经验丰富的名师，教材内容贴合教学实际。

我们希望这套教材能够充分满足国内众多高校大数据相关专业的教学需求，为培养优质的大数据专业人才提供强有力的支撑。并希望有更多的志士仁人加入到我们的行列中来，集智汇力，共同推进系列教材建设，在建设数字社会的宏大愿景中，贡献出自己的一份力量！

面向新工科高等院校大数据专业系列教材编委会

前言

当今时代，大数据技术已经广泛应用于金融、医疗、教育、电信、电商等领域。各行各业每天都在产生海量数据，数据量已经从 GB、TB 发展到 PB、EB、ZB 甚至更大的量级。在计算机领域存在着"新摩尔定律"，指的是每 18 个月数据量将会倍增，也就是说，每 18 个月产生的数据量会是以往所有数据量的总和。由此可以看出，数据量的发展呈现出多而快的趋势。

2020 年，国家推出了"新基建"战略，将 5G、大数据中心、人工智能和工业互联网列为新型基础设施建设的重点。在国家政策的引领下，各行各业都将大数据产业列为优先发展目标，而任何行业的兴起最需要的就是相关人才，目前大数据相关人才尚处于供不应求的状况。

Hadoop 作为大数据生态系统中的核心框架，承载着大数据系统的搭建与运行任务，专为离线计算和大规模数据处理而设计并实现。如果需要进行在线计算，就需要在 Hadoop 系统中搭建 Spark 运行环境，并进行在线计算。其中，Hadoop 的核心组成包括 HDFS 和 MapReduce 两部分，HDFS 为大数据存储提供了分布式文件系统；MapReduce 则为大数据提供了分布式计算框架。Spark 依托 Hadoop 系统，由 Spark SQL、Spark Streaming、MLlib 和 GraphX 四部分组成，主要提供了分布式在线计算框架。Apache 公司提供了开源免费版本的 Hadoop 和 Spark 系统实现，在此基础之上，许多互联网公司都使用 Hadoop 实现本公司的核心业务并推出了商业版的 Hadoop 实现，国内外多家公司都在 Hadoop 系统的基础上进行了二次开发。由此可见，只要有大数据相关的业务，就一定有 Hadoop 和 Spark 的身影。

本书从大数据技术相关概念出发，系统介绍了构建大数据平台的相关技术，并在此基础上介绍了离线数据分析和在线数据分析。针对在学习大数据技术过程中可能遇到的问题，先介绍了大数据的基本概念、大数据技术生态圈的构成和大数据分析的基本过程；然后，介绍了构建大数据平台需要的技术及相关组件；最后，介绍了在线数据分析看板系统案例和离线数据分析案例。

全书共三篇，分为 7 章，第一篇为技术基础篇，其中第 1 章介绍了大数据技术概述，第 2 章介绍了大数据分析的基本过程以及基本方法、工具；第二篇为分布式集群篇，其中第 3 章介绍了 Linux 的基本概念、虚拟机的安装和使用以及在虚拟机中安装 Linux 操作系统的方法，第 4 章主要介绍搭建离线大数据平台所需组件 Hadoop、ZooKeeper 以及各组件的部署，第 5 章介绍了构建实时大数据平台所需组件以及各组件的部署，包括 Spark、Hive、HBase、Kafka 及 Flume；第三篇为平台构建篇，其中第 6

章通过案例介绍了构建基于 Spark 的实时交易数据统计平台，第 7 章则介绍构建基于 Hadoop 的离线电商大数据分析平台。

本书的一大特色是配套丰富的教学资源，包括教学 PPT、所有程序的源代码、相关集群的虚拟机压缩包、扩展学习视频、课后习题及答案，对授课教师的课堂教学给予充分支持，并方便学生自学。

在本书编写过程中，乔钢柱负责编写第 2 章，樊永生负责编写第 3 章，雷海卫负责编写第 5 章中 Kafka 相关内容，其余章节均为井超编写。在本书写作过程中，特别感谢中北大学大数据学院数据科学与大数据技术专业 17 级本科生句亚莉同学和 18 级本科生郭媛、李海永同学为我们提供的协助。在此，也向机械工业出版社的谢辉老师、王斌老师等为本书顺利出版而倾心付出的朋友们表示衷心的感谢。

井　超

于中北大学怡丁苑

目录

第三篇　平台构建篇

第一篇　技术基础篇

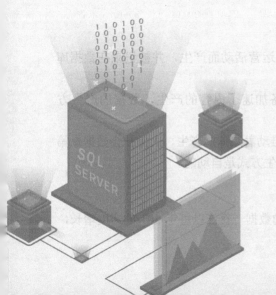

第 1 章
大数据技术概述

本章内容

本章首先介绍了大数据的产生、概念、实际应用和核心技术，然后介绍分布式技术和分布式集群的概念，最后重点介绍了 Hadoop 生态系统的组成以及 Spark 对于 Hadoop 的改进。

本章要点

- 了解大数据的基本概念，重点围绕大数据核心技术的相关知识。
- 熟悉分布式技术的基础，理解大数据集群平台架构。
- 了解大数据技术生态圈的组成，重点掌握 Hadoop 生态系统的组成及各组件的作用。
- 掌握 Hadoop 和 Spark 的不同之处。

1.1 大数据的基本概念

为了让读者了解真正的大数据，本节将从大数据的产生阶段、大数据的特征、各个领域的实际应用以及大数据核心技术和具体的计算模式四个方面进行介绍。

1.1.1 大数据的产生阶段

大数据的产生大致经历了三个过程。

1）运营式系统阶段：数据往往伴随着一定的运营活动而产生，并被记录在数据库中，数据的产生方式是被动的。

2）用户原创内容阶段：智能手机等移动设备加速了内容的产生，数据的产生方式是主动的。

3）感知式系统阶段：感知式系统的广泛使用推动着数据的产生，人类社会数据量第三次大的飞跃最终导致了大数据的产生，数据的产生方式是自动的。

1.1.2 大数据的特征

根据国际数据公司 IDC 做出的估测，互联网的数据一直在以每年 50% 的速度增长，人类在最近两年产生的数据量相当于之前产生的全部数据量。

而大数据不仅仅是指数据量大，而是包含快速、多样、价值化等多重属性。通常，人们将大数据时代的特点用 5V 来概括。

1）Volume，数据量大。大数据从之前的 TB 级别，现如今已经跃升到 PB 级别。

2）Velocity，处理速度快。从数据的生成到消耗，时间窗口非常小，可用于生成决策的时间非常少，因此对速度的要求很高。

3）Variety，数据类型繁多。大数据是由结构化数据和非结构化数据组成的，其中非结构化数据占比约为 90%。

4）Value，价值密度低，这也是大数据的核心特征。现实世界所产生的大量数据中，有价值的数据所占比例很小。例如，在不间断的监控过程中，可能有用的信息只有一两秒。

5）Veracity，准确性和可靠性高。例如，通过对用户进行身份验证，可以解决某些数据的真实性问题。

1.1.3　大数据在各个领域的应用

大数据决策逐渐成为人类社会一种新的决策方式，大数据的应用也渗透进各行各业，大力推动了新科技的发展，如人工智能和云计算；此外，大数据的兴起也催生了一个新的热门职业——数据科学家。

大数据的主要内涵是对海量数据的分析，大数据广泛应用于人类社会的各行各业，如金融、零售、餐饮、医疗、娱乐等领域。

1）金融行业，大数据在高频交易、社交情绪分析和信贷风险分析三大金融创新领域发挥重大作用。

2）餐饮行业，利用大数据实现餐饮 O2O 模式，彻底改变了传统餐饮经营方式。

3）生物医学行业，大数据有助于实现流行病预测、智慧医疗、健康管理，同时还可以帮助专家解读 DNA，了解更多的生命奥秘。

4）体育娱乐行业，大数据可以帮助训练球队，决定投拍哪种题材的影视作品，以及预测比赛结果；除此之外，大数据还可以应用于个人生活，分析个人生活行为习惯，为人们提供更加周到的个性化服务。

1.1.4　大数据的核心技术和计算模式

大数据有两大核心技术，一是分布式存储技术，二是分布式处理技术。分布式存储技术的典型代表是 HDFS、HBase、NoSQL、NewSQL 等，分布式处理的典型代表是 MapReduce。

大数据的计算模式主要分为批处理计算、流计算、图计算和查询分析计算四种。

1）批处理计算主要针对大规模数据的批量处理，典型代表是 MapReduce、Spark 等。

2）流计算主要应用于流数据的实时计算，典型代表是 Storm、Flume、DStream 等。

3）图计算主要针对大规模图结构数据，典型代表是 GraphX、Pregel、Giraph 等。

4）查询分析计算针对的是大规模数据的存储管理和查询分析，典型代表是 Hive、Dremel、Cassandra 等。

1.2 分布式技术与集群

掌握分布式技术与集群的相关知识是学习大数据技术的基础，本节围绕分布式技术的概念及大数据集群平台架构等知识进行简要介绍，以便让读者对大数据平台有一个总体认知，为之后在搭建的平台上进行相关应用的开发打基础。

1.2.1 分布式技术概述

1. 分布式系统

互联网应用的特点是高并发和海量数据。互联网应用的用户数量无上限，这也是其和传统应用的本质区别。高并发指系统单位时间内收到的请求数量（取决于使用的用户数）没有上限。海量数据包括海量数据的存储和海量数据的处理。这两个工程难题都可以使用分布式系统来解决。

简单理解，分布式系统就是由多个通过网络互联的计算机组成的软硬件系统，它们协同工作以完成一个共同目标。而协同工作则需要解决两个问题：任务分解和节点通信。

1）任务分解，即把一个问题拆解成若干个独立任务，每个任务在一个节点上运行，实现多任务的并发执行。

2）节点通信，即节点之间互相通信，需要设计特定的通信协议来实现。协议可以采用远程调用服务（RPC）或消息队列（Message Queue）等方式。

2. 分布式计算

分布式计算，又称为分布式并行计算，其主要是指将复杂任务分解成子任务、同时执行单独子任务的方法。分布式计算可以在短时间内处理大量的数据，完成更复杂的计算任务，比传统计算更加高效、快捷。

总之，分布式计算本质上就是将一个业务拆分为多个子业务，部署在不同的服务器上。

1.2.2 分布式大数据集群概述

大数据系统一般需要搭建在服务器集群上，也就是说，搭建大数据系统至少需要多台服务器构建集群环境，而普通使用者则可以使用虚拟机软件在自己的计算机上通过搭建多台虚拟机达到模拟多台服务器的效果。常用的虚拟机软件为 VMware，本书将以 VMware 为基础搭建多台 Linux 服务器，部署大数据集群系统。图 1-1 表示在个人计算机上安装 VMware 进而搭建三台服务器构成分布式大数据集群的硬件架构及 IP 地址规划，图 1-2 表示在个人计算机上安装 VMware 搭建单台服务器构成伪分布大数据集群的硬件架构及 IP 地址规划。

按照如上方式将集群搭建完成后，总共会出现四个虚拟机，其中伪分布集群有一台虚拟机，虚拟机名称为 single_node；分布式集群有三台虚拟机，名称分别为 master、slave1、slave2。各虚拟机的 IP 配置及安装软件（含软件运行的模块）见表 1-1。

4

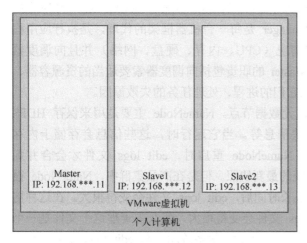

图 1-1　集群虚拟机架构图　　　　　　图 1-2　单节点虚拟机架构图

表 1-1　各虚拟机配置表

IP 及安装软件 ＼ hostname	Single_node	Master	Slave1	Slave2
IP	192.168.***.10	192.168.***.11	192.168.***.12	192.168.***.13
Hadoop	NN DN NM RM SNN	NN SNN RM	DN NM	DN NM
Spark	Master Worker	Master	Worker	Worker
Hive	Hive	Hive	—	—
ZooKeeper	QuorumPeerMain	QuorumPeerMain	QuorumPeerMain	QuorumPeerMain
HBase	HMaster	HMaster	HRegionServer	HRegionServer
Sqoop	Sqoop	Sqoop	—	—

以下为对表 1-1 中部分名词的注解。

1）hostname：各节点主机名称。

2）IP：各节点 IP 地址。

3）NN：NameNode，元数据节点，一般在 Master 上。NameNode 是整个文件系统的管理节点。它维护着整个文件系统的文件目录树、文件/目录的元信息和每个文件对应的数据块列表，负责接收用户的操作请求。

4）DN：DataNode，数据节点，一般在 Slave 上。DataNode 提供真实文件数据的存储服务。

5）NM：NodeManager。NodeManager 是运行在单个节点上的代理，它管理着 Hadoop 集群中的单个计算节点，功能包括与 ResourceManager 保持通信，管理 Container 的生命周期、监控每个 Container 的资源使用（内存、CPU 等）情况、追踪节点健康状况、管理日志和不同应用程序用到的附属服务等。

6）RM：ResourceManager。ResourceManager 基于应用程序对资源的需求进行调度；每个应用程序需要不同类型的资源，因此就需要不同的容器。ResourceManager 是一个中心的服务，主要负责调度、启动每个 Job 所属的 ApplicationMaster，另外监控 ApplicationMaster 的存在情况。NodeManager 是每一台机器框架的代理，是执行应用程序的容器，监控应用程序的资源使用情况（CPU、内存、硬盘、网络）并且向调度器（ResourceManager）汇报。ApplicationMaster 的职责包括向调度器索要适当的资源容器、运行任务、跟踪应用程序的状态和监控它们的进程、处理任务的失败原因。

7）SNN：SecondaryNameNode，从元数据节点。NameNode 主要是用来保存 HDFS 的元数据信息，比如命名空间信息、块信息等。当它运行时，这些信息会存储于内存中，也可以持久化到磁盘上。只有当 NameNode 重启时，edit logs 文件才会合并到 fsimage 文件中，从而得到一个文件系统的最新快照。但是在产品集群中，NameNode 很少重启，这意味着当 NameNode 运行很长时间后，edit logs 文件会变得很大。在这种情况下就会出现下面一些问题：①edit logs 文件会变得很大，怎么去管理这个文件是一个挑战；②NameNode 的重启会花费很长时间，因为有很多改动（在 edit logs 中）要合并到 fsimage 文件中；③如果 NameNode 挂掉，将会丢失很多改动，因为此时的 fsimage 文件非常旧。SecondaryNameNode 就是用来解决上述问题的，它的职责是将 NameNode 的 edit logs 合并到 fsimage 文件中。

分布式集群主机架构如图 1-3 所示。

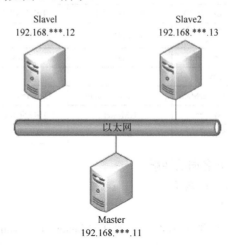

图 1-3　分布式集群主机架构图

服务器相关术语如下。

1）节点：代指服务器节点，后面会经常提到节点这个概念。分布式环境中一个服务器就是一个节点，在所搭建的集群中，服务器指的是通过 VMware 软件虚拟出来的虚拟机。

2）操作系统：服务器上运行的操作系统基本上都是 Linux 操作系统，当然，虚拟机中安装的也是 Linux 操作系统。

3）网络：集群中多个节点之间的协同工作需要不断交换数据及状态、命令等信息，因此需要互通的网络环境。人们搭建的集群是通过虚拟机软件虚拟出来的，网络也是由虚拟机软件虚拟出的虚拟网卡来实现数据交换的。

集群中要部署的组件主要有 Hadoop、Spark、Hive、HBase、ZooKeeper 等。

1.3 大数据技术生态圈

本节首先介绍 Linux 操作系统的概念及不同版本的信息，为读者提供版本选择的建议；然后介绍 Hadoop 生态系统的特点及组成，对各组件进行具体介绍；最后介绍 Spark 区别于 Hadoop 的特点。

1.3.1 Linux 操作系统

1. Linux 概述

Linux 内核最初是由芬兰人林纳斯·托瓦兹（Linus Torvalds）在赫尔辛基大学上学时出于个人爱好而编写的。

Linux 是一套免费使用和自由传播的类 UNIX 操作系统，是一个基于 POSIX 和 UNIX 的多用户、多任务、支持多线程和多 CPU 的操作系统。Linux 上能运行主要的 UNIX 工具软件、应用程序和网络协议。它支持 32 位和 64 位硬件。Linux 继承了 UNIX 以网络为核心的设计思想，是一个性能稳定的多用户网络操作系统。

目前市面上较知名的发行版有 Ubuntu、CentOS、Debian、Fedora、SUSE、OpenSUSE。

Linux 和 Windows 操作系统的区别见表 1-2。

表 1-2　Linux 和 Windows 操作系统的区别

区别	Windows	Linux
免费与收费	收费且很贵	免费或少许费用
软件与支持	数量和质量的优势，不过大部分版本是收费的；由微软官方提供支持和服务	开源自由软件，用户可以修改、定制和再发布，由于基本免费，没有资金支持，部分软件质量和体验欠缺；由全球所有的 Linux 开发者和自由软件社区提供支持
安全性	经常打补丁，安装系统安全更新，还是会中病毒木马	Linux 比 Windows 平台更安全一些
使用习惯	普通用户基本都是纯图形界面下操作使用，依靠鼠标和键盘完成一切操作，用户上手容易，入门简单	兼具图形界面操作和完全的命令行操作，可以只用键盘完成一切操作，新手入门较困难，需要一些学习和指导，一旦熟练之后，效率极高
可定制性	封闭的，系统可定制性很差	开源，可定制化非常强
应用场景	桌面操作系统主要使用的是 Windows	支撑百度、谷歌、淘宝等应用软件和服务，是后台成千上万的 Linux 服务器主机。世界上大部分软件和服务都是运行在 Linux 之上的

2. Linux 版本介绍

（1）Fedora

Fedora 是一个开放的、创新的、前瞻性的操作系统和平台，基于 Linux。它允许任何人自由地使用、修改和重发布，无论现在还是将来。它由一个强大的社群开发，这个社群的成员提供并维护自由、开放源码的软件和开放的标准。Fedora 项目由 Fedora 基金会管理和控制，得到了 Red Hat、Inc.的支持。Fedora 是一个独立的操作系统，是 Linux 的一个发行版，可运行的体系结构包括 x86、x86_64 和 PowerPC。

Fedora 和 Redhat 这两个 Linux 的发行版联系很密切。可以说 Fedora Core 的前身就是 Red Hat Linux。2003 年 9 月，红帽公司（Red Hat）宣布不再推出个人使用的发行套件而专心发展商业版本（Red Hat Enterprise Linux）的桌面套件，同时，红帽公司宣布将原有的 Red Hat Linux 开发计划和 Fedora 计划整合成一个新的 Fedora Project。Fedora Project 由红帽公司赞助，以 Red Hat Linux 9 为范本加以改进，原本的开发团队继续参与 Fedora 的开发计划，同时也鼓励开放原始码社群参与开发工作。Fedora 可以说是 Redhat 桌面版本的延续，只不过是与开源社区合作。

（2）Debian

Debian，或者称 Debian 系列，包括 Debian 和 Ubuntu 等。Debian 是社区类 Linux 的典范，是迄今为止最遵循 GNU 规范的 Linux 系统。Debian 最早由 Ian Murdock 于 1993 年创建，分为三个版本分支（branch）：stable、testing 和 unstable。其中，unstable 为最新的测试版本，包括最新的软件包，但是也有相对较多的漏洞，适合桌面用户。testing 的版本都经过 unstable 中的测试，相对较为稳定，也支持不少新技术（比如 SMP 等）。而 stable 一般只用于服务器，上面的软件包大部分都比较过时，但是稳定性和安全性都非常高。Debian 最具特色的是 apt-get/dpkg 包管理方式，其实 Redhat 的 YUM 也是在模仿 Debian 的 APT 方式，但在二进制文件发行方式中，APT 应该是最好的。Debian 的资料也很丰富，有很多支持的社区，在有问题时可以随时请教。

（3）Ubuntu

Ubuntu 是目前使用最多的 Linux 操作系统之一，简单方便，有 KDE 和 GNOME 等视窗界面可供选择，拥有强大的 apt-get 软件管理程序，安装管理软件很方便。

Ubuntu 严格来说不能算一个独立的发行版本，Ubuntu 是基于 Debian 的 unstable 版本加强而来，可以说，Ubuntu 就是一个拥有 Debian 所有的优点以及自己所加强的优点的、近乎完美的 Linux 桌面系统。Ubuntu 有三个版本可供选择：基于 GNOME 的 Ubuntu、基于 KDE 的 Kubuntu 以及基于 XFCE 的 Xubuntu，其特点是界面非常友好，容易上手，对硬件的支持非常全面，很适合做桌面系统的 Linux 发行版本。

（4）Gentoo

Gentoo 是 Linux 世界最年轻的发行版本，正因为年轻，所以能吸取在它之前的所有发行版本的优点，这也是 Gentoo 被称为最完美的 Linux 发行版本的原因之一。Gentoo 最初由 Daniel Robbins（FreeBSD 的开发者之一）创建，首个稳定版本发布于 2002 年。由于开发者对 FreeBSD 的熟识，Gentoo 拥有 Ports 系统——Portage 包管理系统。不同于 APT 和 YUM 等二进制文件分发的包管理系统，Portage 是基于源代码分发的，必须编译后才能运行，对于大型软件而言比较慢，不过正因为所有软件都是在本地机器编译的，在经过各种定制的编译参数优化后，能将机器的硬件性能发挥到极致。Gentoo 是所有

Linux 发行版本里安装最复杂的，但又是安装完成后最便于管理的版本，也是在相同硬件环境下运行最快的版本。

（5）FreeBSD

需要强调的是，FreeBSD 并不是一个 Linux 系统。但由于 FreeBSD 与 Linux 的用户群有相当一部分是重合的，二者支持的硬件环境比较一致，所采用的软件也比较类似，故可以将 FreeBSD 视为一个 Linux 版本来比较。FreeBSD 拥有两个分支：stable 和 current，顾名思义，stable 是稳定版，current 则是添加了新技术的测试版。FreeBSD 采用 Ports 包管理系统，与 Gentoo 类似，基于源代码分发，必须在本地机器编译后才能运行，但是 Ports 系统没有 Portage 系统使用简便，使用起来稍微复杂一些。FreeBSD 的最大特点就是稳定和高效，是作为服务器操作系统的最佳选择之一，但对硬件的支持没有 Linux 完备，所以并不适合作为桌面系统。

（6）OpenSUSE

OpenSUSE 是在欧洲非常流行的一个 Linux 系统，由 Novell 公司发布，其独家开发的软件管理程序 zypper 和 yast 得到了许多用户的赞美，和 Ubuntu 一样，支持 KDE、GNOME 和 XFACE 等桌面，桌面特效比较丰富，新手用这个也很容易上手，缺点是 KDE 虽然华丽多彩，但比较不稳定。

下面给不知道如何选择一个 Linux 发行版本的读者一些建议（仅供参考，在此引用的目的仅是讲解其他 Linux 版本的用途和长处）：

如果只是需要一个桌面系统，而且既不想使用盗版，又不想花大量的钱购买商业软件，那么就需要一款适合桌面使用的 Linux 发行版本；如果不想定制任何东西，不想在系统上浪费太多时间，那么很简单，可以根据自己的爱好在 Ubuntu、Kubuntu 以及 Xubuntu 中选一款，三者的区别仅仅是桌面程序的不同。

如果需要一个桌面系统，而且还想非常灵活地定制自己的 Linux 系统，想让自己的机器运行得更顺畅，不介意在 Linux 系统安装方面浪费一点时间，那么可以选择 Gentoo。

如果需要的是一个非常稳定的服务器系统，那么可以选择 FreeBSD。

如果需要一个稳定的服务器系统，并且想深入探索一下 Linux 各方面的知识，想要独家定制许多内容，那么推荐使用 Gentoo。

如果需要的是一个服务器系统，而且比较厌烦各种 Linux 的配置，只是想要一个比较稳定的服务器系统，那么可以选择 CentOS，安装完成后，经过简单的配置就能提供非常稳定的服务。

本书使用 CentOS 系统进行介绍。

1.3.2　Hadoop 生态系统

Hadoop 是一个由 Apache 基金会开发的分布式系统基础架构。用户可以在不了解分布式底层细节的情况下，开发分布式程序，充分利用集群的威力进行高速运算和存储。Hadoop 实现了一个分布式文件系统（Distributed File System），其中一个组件是 HDFS。

HDFS 有高容错的特点，可以用来部署在低廉的（Low-Cost）硬件上；它提供高吞吐量（High Throughput）来访问应用程序的数据，适合有着超大数据集（Large Data Set）的应用程序；HDFS 放宽了对 POSIX 的要求，允许以流的形式访问（Streaming Access）文件系统中的数据。Hadoop 框架最核心的设计是 HDFS 和 MapReduce。HDFS 为海量的数据提供了存储，MapReduce 则为海量的数据提供了计算。所以，关键点有以下三个。

1）Hadoop 是一个由 Apache 基金会所开发的分布式系统基础架构。

2）主要解决海量数据的存储和海量数据的分析计算问题。

3）广义上来说，Hadoop 通常是指一个更广泛的概念——Hadoop 生态系统。

下面简要介绍一下 Hadoop 生态系统。经过多年的发展，Hadoop 生态系统不断完善，目前已包括多个子项目，除了核心的 HDFS 和 MapReduce 以外，还包括 ZooKeeper、HBase、Hive、Pig、Mahout、Sqoop、Flume、YARN、Oozie、Storm、Kafka、Ambari、Spark 等功能组件，同时，在面向在线业务时也常加入 Spark 组件。Hadoop 生态系统具体的构成如图 1-4 所示。

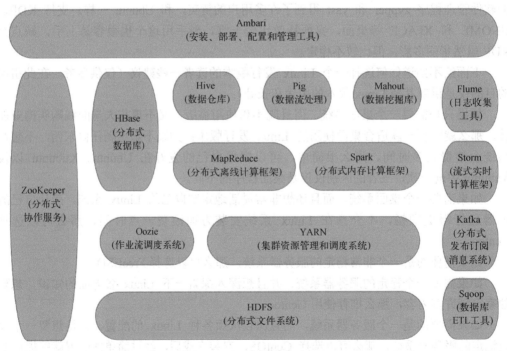

图 1-4　Hadoop 生态系统图

（1）HDFS

Hadoop 分布式文件系统（HDFS）是 Hadoop 项目的两大核心之一，是针对谷歌文件系统（Google File System，GFS）的开源实现。HDFS 具有处理超大数据、流式处理、可以运行在廉价商用服务器上等优点。HDFS 在设计之初就是要运行在廉价的大型服务器集群上，因此在设计上就把硬件故障作为一种常态来考虑，在部分硬件发生故障的情况下仍然能够保证文件系统的整体可用性和可靠性。

HDFS 放宽了一部分 POSIX 约束，从而实现以流的形式访问文件系统中的数据。HDFS 在访问应用程序数据时，可以具有很高的吞吐率，因此对于超大数据集的应用程序而言，选择 HDFS 作为底层数据存储是较好的选择。

（2）HBase

HBase 相当于关系型数据库，数据放在文件中，而文件放在 HDFS 中。因此，HBase 是基于 HDFS 的关系型数据库。HBase 的延迟非常低，实时性很高。

（3）MapReduce

Hadoop MapReduce 是针对谷歌 MapReduce 的开源实现。MapReduce 是一种编程模型，用于大规模数据集（大于 1TB）的并行运算，它将复杂的、运行于大规模集群上的并行计算过程高度抽象到了两个函数——Map 和 Reduce 上，并且允许用户在不了解分布式系统底层细节的情况下开发并行应用程序，并将其运行于廉价的计算机集群上，从而完成海量数据的处理。通俗地说，MapReduce 的核心思想就是“分而治之”。

（4）Hive

分类管理文件和数据，对这些数据可以通过很友好的接口，提供类似 SQL 语言的 HiveQL 查询语言来帮助分析。实质上，Hive 底层会经历一个转换的过程。HiveQL 执行的时候，Hive 会提供一个引擎，先将其转换成 MapReduce 再去执行。

Hive 设计目的是方便 DBA（数据库管理员）很快地转到大数据的挖掘和分析中去。

（5）Pig

Pig 是一种数据流语言和运行环境，适合使用 Hadoop 和 MapReduce 平台来查询大型半结构化数据集。虽然 MapReduce 应用程序的编写不是十分复杂，但也是需要一定开发经验的。Pig 的出现大大简化了 Hadoop 常见的工作任务，它在 MapReduce 的基础上创建了更简单的过程语言抽象，为 Hadoop 应用程序提供了一种更加接近结构化查询语言的接口。

（6）Mahout

Mahout 是 Apache 软件基金会旗下的一个开源项目，提供一些可扩展的机器学习领域经典算法的实现，旨在帮助开发人员更加方便、快捷地创建智能应用程序。Mahout 包含许多实现，包括聚类、分类、推荐过滤、频繁子项挖掘。此外，通过使用 Apache Hadoop 库，Mahout 可以有效地扩展到云中。

（7）ZooKeeper

ZooKeeper 是针对谷歌 Chubby 的一个开源实现，是高效和可靠的协同工作系统，提供分布式锁之类的基本服务，用于构建分布式应用，减轻分布式应用程序所承担的协调任务。

（8）Flume

Flume 是 Cloudera 提供的一个高可用、高可靠、分布式的海量日志采集、聚合和传输的系统。Flume 支持在日志系统中定制各类数据发送方，用于数据收集；同时，Flume 提供对数据进行简单处理并写到各种数据接收方的能力。

（9）Sqoop

Sqoop 是 SQL to Hadoop 的缩写，主要用来在 Hadoop 和关系数据库之间交换数据的互操作性。通过 Sqoop 可以方便地将数据从 MySQL、Oracle、PostgreSQL 等关系数据库中导入 Hadoop（可以导入 HDFS、HBase 或 Hive），或者将数据从 Hadoop 导出至关系数据库，使得传统关系数据库和 Hadoop 之间的数据迁移变得非常方便。Sqoop 主要通过 JDBC（Java DataBase Connectivity）关系数据库进行交互，理论上，支持 JDBC 的关系数据库都可以使 Sqoop 和 Hadoop 进行数据交互。Sqoop 是专门为大数据集设计的，支持增量更新，可以将新记录添加到最近一次导出的数据源上，或者指定上次修改的时间戳。

（10）Ambari

Apache Ambari 是一种基于 Web 的工具，支持 Apache Hadoop 集群的安装、部署、配置和管理。Ambari 目前已支持大多数 Hadoop 组件，包括 HDFS、MapReduce、Hive、Pig、HBase、ZooKeeper、Sqoop 等。

（11）YARN

YARN 是集群资源管理系统，对整个集群每台机器的资源进行管理，对每个服务、每个 job、每个应用进行调度。

（12）Oozie

Oozie 起源于雅虎，主要用于管理、组织 Hadoop 工作流。Oozie 的工作流必须是一个有向无环图，实际上 Oozie 就相当于 Hadoop 的一个客户端，当用户需要执行多个关联的 MapReduce 任务时，只需将 MapReduce 执行顺序写入 workflow.xml，再使用 Oozie 提交本次任务，Oozie 就会托管此任务流。

（13）Storm

Storm 是 Twitter 开源的分布式实时大数据处理框架，被业界称为实时版的 Hadoop。Storm 对于实时计算的意义类似 Hadoop 对于批处理计算的意义。Storm 可以用于推荐系统（实时推荐，根据下单或加入购物车推荐相关商品）、金融系统、预警系统、网站统计（实时销量、流量统计）、交通实时路况系统等等。

（14）Kafka

Kafka 最初由 Linkedin 公司开发，是一个分布式、支持分区、多副本、多订阅者、基于 ZooKeeper 协调的分布式日志系统（也可以当作 MQ 系统），可以用于 web/nginx 日志、访问日志、消息服务等。Linkedin 于 2010 年将其贡献给 Apache 基金会，Kafka 也就成为顶级开源项目。

（15）Spark

Apache Spark 是专为大规模数据处理而设计的快速通用的计算引擎。Spark 是 UC Berkeley AMP Lab（加州大学伯克利分校的 AMP 实验室）所开源的类 Hadoop MapReduce 的通用并行框架，Spark 拥有 Hadoop MapReduce 所具有的优点，但不同于 MapReduce 的是，job 中间输出结果可以保存在内存中，从而不再需要读写 HDFS，因此，Spark 能更好地适用于数据挖掘与机器学习等需要迭代的 MapReduce 的算法。

Spark 是一种与 Hadoop 相似的开源集群计算环境，但是两者之间还存在一些不同之处，这些不同之处使得 Spark 在某些工作负载方面表现得更加优秀，换句话说，Spark 启用了内存分布数据集，除了能够提供交互式查询外，还可以优化迭代工作负载。

1.3.3 Spark 对 Hadoop 的完善

Spark 是在 MapReduce 的基础之上发展而来的，继承了其分布式并行计算的优点，并且改进了 MapReduce 明显的缺陷，具体如下。

1）Spark 把中间数据放到内存中，迭代运算效率高。MapReduce 中计算结果需要保存到磁盘上，这大大增加了迭代计算的时间，这样势必会影响整体速度。而 Spark 支持 DAG 图的分布式并行计算的编程框架，减少了迭代过程中数据由内存转存至外部存储的过程，大大提高迭代式计算的性能和处理效率。

2）Spark 容错性高。Spark 引进了弹性分布式数据集（Resilient Distributed Dataset，RDD）的抽象，它是分布在一组节点中的只读对象集合，这些集合是弹性的，如果数据集一部分丢失，则可以根据"血统"（即允许基于数据衍生过程）对它们进行重建。另外，在 RDD 计算时可以通过 CheckPoint 来实现容错，而 CheckPoint 有两种方式：CheckPoint Data 和 Logging the Updates，用户可以决定采用哪种方式来实现容错。

3）Spark 更加通用。不像 Hadoop 只提供了 Map 和 Reduce 两种操作，Spark 提供的数据集操作类型有很多种，大致分为 Transformations 和 Actions 两大类。Transformations 包括 Map、Filter、FlatMap、Sample、GroupByKey、ReduceByKey、Union、Join、Cogroup、MapValues、Sort 和 PartionBy 等多种操作类型；Actions 包括 Count、Collect、Reduce、Lookup 和 Save 等操作。另外，各个处理节点之间的通信模型不再像 Hadoop 只有 Shuffle 一种模式，用户可以命名、物化，控制中间结果的存储、分区等。

本章小结

本章主要介绍了大数据的概念及核心技术、分布式和集群的概念以及大数据技术生态圈的组成，重点介绍了 Hadoop 生态系统的各个组件及其作用。本章的重点在于了解大数据的核心技术以及 Hadoop 生态系统的组成。

本章练习

一、选择题

1．大数据的特点有哪些？（多选）（　　　）
   A．处理速度快　　　　　　　　B．多样化
   C．价值密度高　　　　　　　　D．数据冗余度低
2．下面哪些是大数据的计算模式？（多选）（　　　）
   A．流式计算　　　　　　　　　B．批处理计算

C．查询分析计算　　　　　　D．图计算

3．Linux 支持多少位硬件？（多选）（　　　）

A．64 位　　　　　　　　　B．128 位

C．32 位　　　　　　　　　D．256 位

4．Hadoop 生态系统的主要组成不包括以下哪个选项？（　　　）

A．MapReduce　　　　　　B．ZooKeeper

C．HDFS　　　　　　　　 D．YARN

二、判断题

1．大数据是指数据量很大的数据集。（　　　）

2．Hadoop 是在分布式服务器集群上存储海量数据并运行分布式分析应用的一个开源软件框架。（　　　）

3．Hadoop 只能运行在由一般商用机器构成的大型集群上。（　　　）

4．Hadoop 通过增加集群节点，可以线性地扩展以处理更大的数据集。（　　　）

三、简答题

1．简述大数据技术的特点。

2．简要介绍几种 Hadoop 系统的组件及其作用。

第2章
大数据分析技术

本章内容

本章围绕大数据分析技术进行介绍，首先介绍了大数据分析流程以及相关技术，然后介绍了大数据分析常用方法，最后介绍了各流程中所用到的工具，并对大数据分析工具的特点、适用范围等信息进行了具体介绍。

本章要点

- 重点掌握大数据的分析流程，熟悉相关技术。
- 理解并掌握大数据分析的常用方法。
- 了解大数据分析过程中所用到的基础工具及其使用方法。

2.1 大数据分析流程及相关技术

要进行大数据的分析工作，就必须先了解其流程，故本节围绕大数据采集与预处理、大数据存储、大数据分析与挖掘和数据可视化这四个主要阶段进行介绍，除对基本概念、特征进行介绍外，还介绍了流程中所用到的主要技术。

2.1.1 数据采集与预处理

1. 数据采集

数据采集，又称数据获取，是指通过各类方式获取社交网络交互数据及移动互联网数据等类型的海量数据的过程。

在大数据体系中，数据分为业务数据、行业数据、内容数据、线上行为数据和线下行为数据五大类，实际采集的数据主要来源于社交网络、电商平台、物联网传感器等。在实际的数据采集过程中，数据源会影响大数据质量的真实性、完整性、一致性、准确性，因此，大数据采集技术面临着许多技术挑战，一方面需要保证数据的可靠性，另一方面需要保证从中可以提取到有价值的信息。

根据数据源的不同，大数据采集的方法也不相同。例如，对于 Web 数据，多采用网络爬虫方式，这需要对爬虫软件进行时间设置以保证收集到的数据时效性，需要灵活控制采集任务的启动和停止。

数据采集是数据分析生命周期中的重要一环，由于采集到的数据错综复杂，包含各类结构化、半结构化及非结构化的数据，因此，需要对数据进行预处理。

2. 数据预处理

数据预处理主要包括数据抽取、数据清洗、数据集成、数据归约等内容，即通过对数据进行提取、转换、加载，最终挖掘数据的潜在价值，大大提高大数据的总体质量。

1）数据抽取过程有助于将获取到的具有多种结构和类型的复杂数据转化为单一的或者便于处理的构型，以达到快速分析处理的目的。

2）数据清洗包括对数据的不一致检测、噪声数据的识别、数据过滤与修正等，通过对数据过滤"去噪"从而提取出有效数据。

3）数据集成则是将多个数据源的数据进行集成，从而形成集中、统一的数据库。

4）数据归约是在不损害分析结果准确性的前提下降低数据集规模，使之简化，包括维归约、数据归约、数据抽样等技术，这一过程有利于提高大数据的价值密度。

2.1.2 大数据存储

大数据存储与管理是大数据分析流程中不可缺少的环节。大数据存储与管理要用存储器把采集到的数据都存储起来，建立相应的数据库，并进行管理和调用，数据存储的好坏直接决定了整个系统的性能。

1. 大数据存储技术

由于当今社会数据量庞大，大数据的存储大都采取分布式的形式。分布式存储，即大量数据分块存储在不同的服务器节点，它们之间通过副本保持数据的可靠性。大数据存储技术重点解决结构化、半结构化和非结构化的数据管理与处理，主要解决大数据的可存储、可表示、可处理、可靠性及有效传输等几个关键问题。大数据存储技术的关键是开发可靠的分布式文件系统（DFS）、能效优化的存储、计算融入存储、大数据的去冗余及高效低成本的大数据存储技术；突破分布式非关系型大数据管理与处理技术、异构数据的数据融合技术、数据组织技术、研究大数据建模技术；突破大数据索引技术；突破大数据移动、备份、复制等技术。

大数据系统中最常用的分布式存储技术是 Hadoop 的 HDFS 文件系统，其理念为多个节点共同存储数据，由于数据量逐渐增多，节点也就形成一个大规模集群。HDFS 可以支持上万的节点，能够存储很大规模的数据。

2. 大数据管理

传统数据库存储的数据类型仅限于结构化的数据，而大数据集合是由结构化、半结构化和非结构化数据组成的，因此通常使用非关系型数据库存储和管理。

非关系型数据库提出另一种理念，例如，以键值对存储，且结构不固定，元组可以有不同的字段，每个元组可以根据需要增加键值对，这样就不会局限于固定的结构，从而减少一些时间和空间的开销。使用这种方式，用户可以根据需要去添加自己需要的字段，这样，当获取用户的不同信息时，不需要像关系型数据库一样对多表进行关联查询，仅需要根据 ID 取出相应的 value 即可完成查询。

常用的非关系型数据库有 HBase、MongoDB、Redis 等，其中 HBase 采用了列族存储，本质上就是一个按列存储的大表，数据按相同字段进行存储，不同的列对应不同的属性，因此在查询时可以只查询相关的列。

2.1.3　大数据分析与挖掘

随着现代互联网的高速发展，人们生产生活中产生的数据量急剧增长，如何从海量的数据中提取有用的知识成为当务之急，针对大数据的分析与挖掘技术应运而生。大数据分析技术主要包括已有数据的统计分析技术和未知数据的挖掘技术。统计分析可由数据处理技术完成，具体见 2.1.1 节；本节主要介绍数据挖掘的相关内容。

数据挖掘在大数据分析阶段完成，即从大量的、有噪声的、模糊的、随机的实际应用数据中提取隐含的、潜在有用的信息和知识，挖掘数据关联性。数据挖掘的主要任务包括关联规则、聚类分析、分类和预测、奇异值检测等。

（1）关联规则

两个或两个以上变量的取值之间存在某种规律性，就称为关联。关联规则的任务是找出数据库中隐藏的关联网，即通过使用数据挖掘方法，发现数据所隐含的某一种或多种关联，从而帮助用户决策。

（2）聚类分析

聚类是把数据按照相似性归纳成若干类别，同一类别的数据相似度极高，不同类别间的数据差异性较大。

（3）分类和预测

分类和预测本质上都可以看作是一种预测，分类用于预测离散类别，而预测则用于预测连续类别。

（4）奇异值检测

数据库中的数据往往会存在很多异常情况，发现数据库中数据存在的异常情况是非常重要的。奇异值检测是根据一定标准识别或者检测出其中的异常值。

根据信息存储格式，用于挖掘的对象有关系数据库、面向对象数据库、数据仓库、文本数据源、多媒体数据库以及 Internet 等。数据挖掘的经典算法主要包括 C4.5、k-means、SVM、KNN 等，实际项目中需根据数据的类型及特点选择合适的算法，对数据集进行数据挖掘，最终对结果进行分析并转换成最终能被用户理解的知识。

在数据分析与挖掘环节，应根据大数据应用情境与决策需求，选择合适的大数据分析技术，提高大数据分析结果的可用性、价值性和准确性质量。但数据分析的结果往往不够直观，因此通常需要借助数据可视化阶段将结果直观地展示给用户。

2.1.4　数据可视化

数据可视化对于普通用户或是数据分析人员来说，都是最基本的功能。数据可视化是指将大数据分析与预测结果以计算机图形或图像的方式展示给用户的过程，让数据自己说话，使其可与用户进行交互，让用户直观感受到结果。其主要用途如下。

（1）使用户快速理解信息

通过使用数据的图形化表示，用户可以以一种直观的方式查看大量数据以及数据间的联系，以根据这些信息制定决策；由于这种模式下数据分析要更快，因此企业可以更加及时地发现问题、解决问题。

（2）确定新兴趋势

数据可视化可以帮助公司发现影响商品销量的异常数据和客户购买行为数据，发现新兴的市场趋势，做出相应的决策以提升其经营效益。

（3）方便沟通交流

使用图表、图形或其他有效的数据可视化表示在沟通中是非常重要的，因为这种表示更能吸引人们的注意力，并能快速获得数据的内在信息。

数据可视化技术有利于发现大量业务数据中隐含的规律性信息，以支持决策；可大大提高大数据分析结果的直观性，便于用户理解与使用。数据可视化与信息图形、信息可视化、科学可视化以及统计图形密切相关。当前，在研究、教学和开发等领域都得到了广泛应用。

2.2　大数据分析常用方法

大数据分析中常用的四种方法是数理统计分析、聚类分析、分类分析和回归分析，本节主要从各方法的原理、具体实现算法等方面进行介绍。

2.2.1　数理统计分析

数理统计分析，即以概率论为基础，主要研究随机现象中局部与整体之间及各有关因素之间的规律性。它要求数据具有随机性，且必须真实可靠，这是进行定量分析的基础。

2.2.2　聚类分析

聚类分析，也称为群分析、点群分析，是研究分类问题的一种多元统计方法。人们所研究的样本或变量之间存在不同程度的相似性。根据样本的多个变量，找出能够度量样本或变量之间相似程度的统计量，以这些统计量为划分类型的依据，把一些相似程度较大的样本（或变量）聚合为一类，把另外一些彼此之间相似程度较大的样本（或变量）聚合为另一类，直到把所有的样本（或变量）聚合完毕，这就是聚类的基本思想。常用的聚类分析方法有层次分析、k-means、高斯回归等。

k-means 算法是最常用的聚类算法。在给定 k 值和 k 个初始类簇中心点的情况下，把每个点分到离其最近的类簇中心点所代表的类簇中，所有点分配完毕之后，根据一个类簇内的所有点重新计算该类簇的中心点（取平均值），然后再迭代分配点、更新类簇中心点，直至类簇中心点的变化很小，或达到指定的迭代次数。

2.2.3 分类分析

分类分析是一种基本的数据分析方式，根据其特点，可将数据对象划分为不同的部分和类型，再进一步分析，从而进一步挖掘事物的本质。常用的分类分析法有决策树、神经网络、贝叶斯分类、SVM、随机森林等。

决策树算法采用树形结构，使用层层推理来实现最终的分类。决策树由根节点、内部节点、叶节点构成。其中，根节点包含样本的全集，内部节点对应特征属性测试，叶节点代表决策结果。预测时，在内部节点处用某一属性值进行判断，根据判断结果决定进入哪个分支节点，直到到达叶节点处，得到分类结果。

随机森林是由很多决策树构成的，不同决策树之间没有关联。执行分类任务时，每当有新的样本输入，令森林中的每一棵决策树分别进行判断和分类，每个决策树会得到一个自己的分类结果，决策树的分类结果中哪一个分类最多，那么随机森林就把这个结果当作最终结果。

2.2.4 回归分析

回归分析是一种预测性的建模技术，它研究的是因变量（目标）和自变量（预测器）之间的关系。这种技术通常用于预测分析、时间序列模型以及发现变量之间的因果关系。回归分析是建模和分析数据的重要工具。常见的回归方法有线性回归和逻辑回归。

1）线性回归通常是人们在学习预测模型时首选技术之一。在线性回归中，自变量是连续的或离散的，因变量是连续的，回归线的性质是线性的。线性回归使用最佳的拟合直线在因变量（Y）和一个或多个自变量（X）之间建立一种关系（$Y=a+bX+e$，其中，a 表示截距，b 表示直线的斜率，e 表示误差项），以根据给定的预测变量来预测目标变量的值。

2）逻辑回归用于计算"事件 Success"和"事件 Failure"的概率，也就是说，当因变量的类型属于二元（1/0，是/否）变量时，应选择使用逻辑回归。逻辑回归广泛用于处理分类问题，它不局限于处理自变量和因变量的线性关系，可以处理各种类型的关系。

2.3 数据分析基础工具

本节介绍数据采集、清洗、存储、挖掘、可视化阶段所用到的基础工具。

2.3.1 数据采集工具——Selenium 和 PhantomJS

如何爬取动态加载页面？终极解决方案是，通过 Python 联合使用 Selenium 和 PhantomJS 两种工具来实现。

Selenium 是一款使用 Apache License 2.0 协议发布的开源框架，是一个用于 Web 应用程序自动化测试的工具。Selenium 测试直接运行在浏览器中，支持的浏览器包括 IE、Mozilla Firefox、Safari、Google Chrome、Opera 等。它采用 JavaScript 来管理整个测试过程，包括读入测试套件、执行测试和记录测试结果；它采用 JavaScript 单元测试工具 JsUnit 为核心，模拟真实用户操作，包括浏览页面、打开链接、输入文字、提交表单、触发鼠标事件等，并且能够对页面结果进行种种验证。

Selenium 官方网址为 https://www.selenium.dev/，其页面如图 2-1 所示。

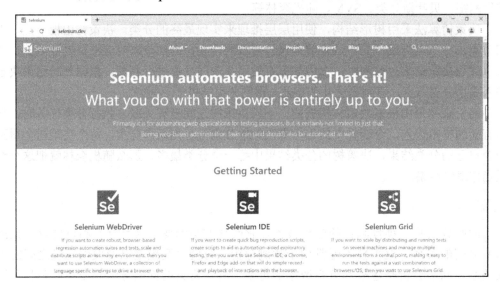

图 2-1　Selenium 官方网站

PhantomJS 是一个可编程的"无头"浏览器，也就是一个包括 JS 解析引擎、渲染引擎、请求处理等模块，但不包括显示和用户交互页面的完整的浏览器内核。它提供 JavaScript API 接口，即通过编写 JS 程序直接与 WebKit 内核交互。此外，它也可以在不同平台上二次开发采集项目或是自动项目测试等工作。PhantomJS 通常用于网络爬虫、网页监控。

PhantomJS 官方网址为 https://phantomjs.org/，其页面如图 2-2 所示。

2.3.2　数据清洗工具——Kettle

Kettle 是一款开源的 ETL 工具，用于数据库间的数据迁移。它是 Java 开发的，支持跨平台运行，即支持在 Linux、Windows、UNIX 系统中运行，数据抽取高效稳定。

Kettle 是 PDI 以前的名称，PDI 的全称是 Pentaho Data Integration，其本意是水壶，表达了数据流的含义。Kettle 主作者是 Matt，他在 2003 年就开始了这个项目。从版本 2.2 开始，Kettle 项目进入了开源领域，并遵守 LGPL 协议。2006 年，Kettle 加入了开源的 BI（Business Intelligence）组织 Pentaho，正式命名为 PDI，加入 Pentaho 后的 Kettle 发展越来越快，并且得到了越来越多人的关注。作为 Pentaho 的一个重要组成部分，Kettle 目前在国内项目的应用逐渐增多。

图 2-2　PhantomJS 官方网站

　　Kettle 允许用户管理来自不同数据库的数据，通过提供一个图形化的用户环境来描述用户想做什么。作为一个端对端的数据集成平台，可以对多种数据源进行抽取、加载，对数据进行各种清洗、转换、混合，并支持多维联机分析处理和数据挖掘。

　　Kettle 中有 transformation 和 job 两种脚本文件，transformation 主要完成针对数据的基础转换，job 则完成整个工作流的控制。

　　Kettle 目前包含五个产品，分别是 Spoon、Pan、Chef、Kitchen、Encr。

　　1）Spoon：一个图形用户界面，允许用户通过图形界面来设计 ETL 转换过程和任务。

　　2）Pan：转换执行器，允许批量运行由 Spoon 设计的 ETL 转换。Pan 在后台执行，没有图形界面。

　　3）Chef：允许创建任务，有利于自动化更新数据仓库的复杂工作。任务创建后将被检查，判断其是否正确运行。

　　4）Kitchen：作业执行器，允许批量使用由 Chef 设计的任务。Kitchen 也在后台运行。

　　5）Encr：用来加密连接数据库与集群时使用的密码。

　　Kettle 官方网址为 http://www.kettle.be/，其页面如图 2-3 所示。

2.3.3　数据存储工具——MongoDB 和 MySQL

　　MongoDB 是由 C++语言编写的一个基于分布式文件存储的数据库，旨在为 Web 应用提供可扩展的高性能数据存储解决方案。MongoDB 是一个介于关系数据库和非关系数据库（NoSQL）之间的产品，是非关系数据库当中功能最丰富、最像关系数据库的产品。此外，MongoDB 也支持 Ruby、Python、Java、C++、PHP、C#等多种编程语言。

图 2-3　Kettle 官方网站

　　MongoDB 将数据存储为一个文档，数据结构由键值（key=>value）对组成。MongoDB 文档类似于 JSON 对象。字段值可以包含其他文档，数组及文档数组。

　　MongoDB 官方网址为 https://www.mongodb.org.cn/，其页面如图 2-4 所示。

图 2-4　MongoDB 官方网站

　　MySQL 是一个开源的关系型数据库管理系统，由瑞典 MySQL AB 公司开发，目前隶属 Oracle 公司。MySQL 可以处理拥有上千万条记录的大型数据库，其将数据保存在不同的表中，而不是将所有数据放在一个大仓库内，这样就提高了速度和灵活性。

　　MySQL 是一个关系型数据库，一个关系型数据库由一个或数个表格组成，一个表格包括表头、行、列、键和值。MySQL 使用标准的 SQL 数据语言形式。

　　MySQL 官方网址为 https://www.mysql.com/，其页面如图 2-5 所示。

图 2-5 MySQL 官方网站

2.3.4 机器学习工具——Scikit-learn

Scikit-learn 是一个开源的机器学习工具，基于 Python 语言，提供了用于数据降维、预处理、模型选择等的各种工具。Scikit-learn 可以实现数据预处理、分类、回归、降维、模型选择等常用的机器学习算法。Scikit-learn 是基于 NumPy、SciPy 和 Matplotlib 构建的。

Scikit-learn 包括分类、回归、聚类、降维、预处理等功能。

1）分类用于识别对象属于哪个类别，如垃圾邮件检测、图像识别等，常用算法有 SVM、最近邻、随机森林等。

2）回归用于预测与对象关联的连续值属性，如预测药物反应、股票涨势等，常用算法有 SVR、最近邻、随机森林等。

3）聚类用于自动将相似对象分为一个集合，如将客户细分、分组实验等，常用算法有 k-means、谱聚类、均值漂移等。

4）降维用于减少要考虑的随机变量的数量，如可视化场景，常用算法有 k-means、特征选择、非负矩阵分解等。

5）预处理用于特征提取和归一化，如转换输入数据、用于机器学习算法的文本等，常用算法有预处理、特征提取等。

更多详情见 Scikit-learn 中文社区 https://scikit-learn.org.cn/，其页面如图 2-6 所示。

2.3.5 数据可视化工具——Matplotlib、PyEcharts、Superset

Matplotlib 是当下用于数据可视化最流行的工具之一，是一个跨平台库，支持 Python、Jupyter 和 Web 应用程序服务器等。它能将数据图形化，并且提供多样化的输出格式，向用户或从业人员直观地展示数据，在市场分析等多个领域发挥着重要作用。

23

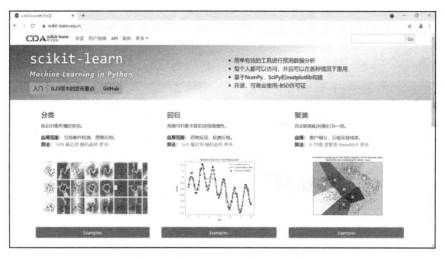

图 2-6　Scikit-learn 中文社区网站

Matplotlib 官方网址为 https://matplotlib.org/，其页面如图 2-7 所示。

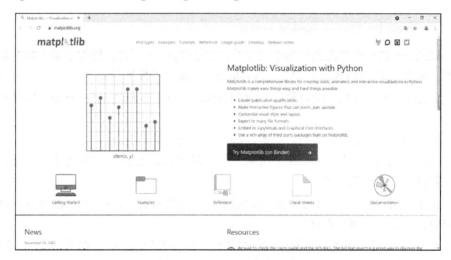

图 2-7　Matplotlib 官方网站

PyEcharts 是由 JavaScript 实现的开源可视化库，支持主流 Notebook 环境（Jupyter Notebook 和 JupyterLab），可以兼容大多数浏览器（IE 8/9/10/11、Chrome、Firefox 等）。它支持折线图、柱状图、散点图、饼图、雷达图、仪表盘、漏斗图等 12 类图表，支持多图表、组件的联动，提供了直观、交互丰富、高度个性化定制的数据可视化图表，且拥有原生地图文件，为地理数据可视化提供了强有力的支持。

PyEcharts 官方网址为 https://pyecharts.org/#/，其页面如图 2-8 所示。

Apache Superset 是一个可用于数据展示与数据可视化的开源软件，在处理大量数据方面效果显著。Superset 最初为 Airbnb 所开发，在 2017 年成为 Apache 的孵化项目。它是一款快速直观的轻量级工具，具有丰富的功能选项，从简单的折线图到高度详细的地理空间图，提供了精美的可视化效果，用户可以轻松地以可视化的方式浏览数据。此外，它支持多种数据库，如 MySQL、SQL Server、Oracle、Druid 等。

图 2-8　PyEcharts 官方网站

Apache Superset 官方网址为 https://superset.apache.org/，其页面如图 2-9 所示。

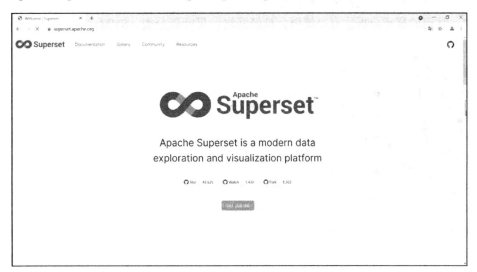

图 2-9　Superset 官方网站

本章小结

本章主要介绍了大数据分析的基本流程、常用方法及工具。从数据的采集与清洗开始，再到数据的存储，继而进行数据分析与挖掘，最终将数据以图表的形式展示给用户，这就形成了一个数据分析"周期"。本章的重点在于掌握大数据分析的流程，及各阶段所用到的技术和工具。

本章练习

一、选择题

1. 下列哪项不包括在大数据的分析流程中？（　　　）
    A．数据校验　　　　　B．数据集成
    C．数据规约　　　　　D．数据挖掘

2. 大数据分析的常用方法有哪些？（多选）（　　　）
    A．k-means　　　　　B．线性回归
    C．分类分析　　　　　D．数理统计

3. 下列哪项不是数据可视化的工具？（　　　）
    A．Superset　　　　　B．Matplotlib
    C．Pycharts　　　　　D．Selenium

二、判断题

1. 大数据分析包括数据采集、预处理、存储、分析和可视化。（　　　）

2. Selenium 是大数据清洗过程中用到的主要工具。（　　　）

3. 常用的聚类分析法有决策树、神经网络、贝叶斯分类、SVM。（　　　）

三、简答题

1. 简述大数据分析的流程。

2. 简述数据分析过程中各阶段所用到的几种工具。

第二篇　分布式集群篇

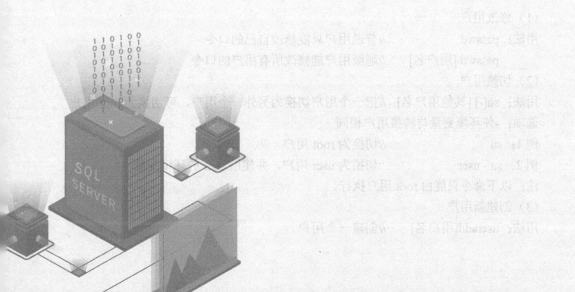

第3章
Linux 技术基础

本章内容

本章首先介绍一系列 Linux 的基础命令，然后介绍在 VMware 中安装 CentOS 操作系统的步骤，最后介绍克隆虚拟机以及系统集群环境的配置。

本章要点

● 了解 Linux 的基础命令，熟悉相关用法。
● 掌握 Linux 系统的部署步骤及方法。
● 学会安装部署 CentOS 系统，并完成基础的系统配置。

3.1　用户与组管理

操作 Linux 系统的前提是了解 Linux 的基础命令，本节主要介绍了用户管理、组管理以及显示日历和日期的相关命令。

3.1.1　用户管理相关命令

（1）修改用户

用法：passwd　　　　　　//普通用户只能修改自己的口令
　　　 passwd [用户名]　　//超级用户能修改所有用户的口令
（2）切换用户

用法：su[-] [其他用户名]　//把一个用户切换为另外一个用户，可切换为 root 用户
选项：-使环境变量与转换用户相同
例 1：su　　　　　　　　//切换为 root 用户
例 2：su - user　　　　　//切换为 user 用户，并使用 user 的环境变量
注：以下命令只能由 root 用户执行。
（3）创建新用户

用法：useradd[用户名]　　//创建一个用户

例：useradd user2　　　　　　　//创建一个新用户 user2

（4）删除已存在用户

用法：userdel [用户名]

例：userdel user2　　　　　　　//删除已存在的用户 user2

3.1.2　组管理相关命令

注：以下命令只能由 root 用户执行。

（1）建立新用户组

用法：groupadd[组名]

例：groupadd　hadoop　　　　　//建立一个名为 hadoop 的新用户组

（2）删除已存在的用户组

用法：groupdel [组名]

例：groupdel　hadoop　　　　　//删除一个名为 hadoop 的用户组

3.1.3　其他命令

（1）显示日历

用法：cal [月][年]

例：cal 9 2017　　　　　　　　//显示 2017 年 9 月的日历

（2）显示/设置日期和时间

用法：date [选项][日期时间]

选项：-d 显示日期时间

-s 设置日期时间

例 1：date　　　　　　　　　//显示当前日期时间

例 2：date -s 14:30:00　　　　//设置时间为 14:30:00

例 3：date -s 20170916　　　　//设置日期为 2017 年 9 月 16 日

（3）清除屏幕信息

用法：clear

3.2　文件与目录管理

系统中最常见的是文件相关操作，本节主要介绍了常用文件操作命令、目录操作命令、改变文件或目录访问权限命令以及文件备份和压缩命令。

3.2.1　常用文件操作命令

（1）显示文件内容命令

1）cat：显示文件全部内容。

用法：cat [文件名]　　　　　　//可以带有文件路径

例 1：cat /etc/profile　　　　　//显示/etc/目录下的 profile 文件内容

例 2：cat　file1>>file2　　　　//把文件 file1 输出到 file2 中去，>>输出转向，

"＞＞"屏幕上没有显示

　　2）more：分屏显示文件全部内容，与 cat 的功能相似。

　　用法：more　[文件名]

　　（2）查找文件命令

　　find：在指定目录结构中搜索文件。

　　用法：find [起始目录]-name [文件名]　　　　//文件名可以包含通配符"*""?"等

　　例 1：find /home -name file.c　　　　　　//在/home 目录结构中查找文件名为 file.c 的所有文件

有文件

　　例 2：find /usr -name file*　　　　　　　//在/usr 目录结构中查找文件名前 4 个字符为 file 的所有文件

file 的所有文件

　　（3）复制文件命令

　　cp：复制文件或目录。

　　用法：cp [选项] [源文件或目录][目标文件或目录]//将指定的源文件或目录复制到目标文件或目录

标文件或目录

　　选项如下。

　　-a：复制源目录中的所有内容，包括文件、链接、子目录等。

　　-r：递归地复制源目录中所有文件和子目录。

　　-i：覆盖已有文件时，提醒用户确认。

　　例 1：cp file1.c /home/user　　　　　//把文件 file1.c 复制到/home/user 目录中

　　例 2：cp -a ./data /home/user　　　　//把当前目录下 data 目录的所有内容复制到/home/user 目录

/home/user 目录

　　例 3：cp -r osg /home　　　　　　　//把当前目录下 osg 目录的所有文件和子目录复制到/home 目录

到/home 目录

　　（4）移动文件/目录命令

　　mv：移动文件/目录或将文件/目录改名。

　　用法：mv　[源文件或目录][目标文件或目录]

　　例 1：mv test.dat files.txt　　　　　　//将 test.dat 文件改名为 file.txt 文件

　　例 2：mv /home/user/* /home/user2　　//将目录/home/user 的所有文件移动到/home/user2 目录

/user2 目录

　　（5）删除文件/目录命令

　　rm：删除指定文件/目录　　　　　　　//删除目录要使用-r 选项

　　用法：rm [选项] [文件(目录)]

　　选项如下。

　　-r：递归删除指定目录及其子目录。

　　-i：交互式删除，边删除边询问。

　　-f：禁止交互删除，直接删除，不询问。

　　例 1：rm test.c exam.txt　　　　　　//删除文件 test.c 和 exam.txt

例2：rm -rf ./user   //直接删除当前目录下的 user 目录的所有文件和子目录，不询问

（6）建立文件链接

ln：创建指向文件或目录的符合链接，通过该链接可以访问文件或目录。

用法：ln -s [目标][链接名]

例：ln -s file1 lnk1   //为文件 file1 创建链接 lnk1，或把文件 file1链接到文件 lnk1

3.2.2 目录操作命令

（1）创建目录命令

mkdir：创建子目录。

用法：mkdir [-p] [目录名]   //-p 表示建立目录树

例1：mkdir dir1   //在当前目录下创建名为 dir1 的目录

例2：mkdir dir1 dir2   //同时创建两个目录 dir1 和 dir2

例3：mkdir -p /tmp/dir1/dir2   //创建一个目录树

（2）删除目录命令

rmdir：删除空目录。

用法：rmdir [目录名]   //该命令只能删除空目录，删除非空目录用 rm 命令

例：rmdir   /home/user   //删除/home 下的 user 目录

（3）改变工作目录

cd：改变当前工作目录。

用法：cd   [目标路径]

例1：cd /home   //进入 / home 目录

例2：cd ..   //返回上一级目录

例3：cd ~   //进入个人的主目录

例4：cd .   //返回上次所在的目录

（4）显示工作路径

pwd：显示当前工作路径。

用法：pwd   //显示当前工作路径

（5）查看目录内容

ls：列出某个目录的文件和子目录。

用法：ls [选项][目录或文件名]   //文件名中可以出现通配符

选项如下。

-a：列出所有文件和子目录名称，包括隐藏文件和目录。

-l：以长格式（Long）显示文件和目录的列表，包括权限、大小、最后更新时间等详细信息。

例1：ls -a   //显示当前目录下的文件和子目录名称

例 2：ls -l   //以长格式显示当前目录的文件和子目录

例 3：ls -la   //以长格式显示当前目录的所有文件和子目录，包括隐藏文件和目录

3.2.3 改变文件或目录访问权限

（1）改变文件或目录访问权限

1）文字设定法。

chmod [who] [+/-] [mode] [文件或目录名]

其中，who 的取值：u 表示文件属主，g 表示同组用户，o 表示其他用户，a 表示所有用户。

mode 的取值：r 表示可读，w 表示可写，x 表示可执行。

例 1：chmod u +rw test.txt   //设定文件 test.txt 的属主可读、可写

例 2：chmod g +rw test.txt   //设定文件 test.txt 的属主的同组用户可读、可写

例 3：chmod o -rw test.txt   //设定文件 test.txt 对其他用户不可读、不可写

例 4：chmod a +x hadoop.sh   //设定文件 hadoop.sh 所有用户可执行

2）数字设定法。

chmod [mode 数字][文件或目录名]

文件访问权限共 9 个字符，分 3 段，分别代表文件属主权限、同组用户权限和其他用户权限。权限设置可用字母表示，r 表示可读、w 表示可写、x 表示可执行，也可用二进制数表示，1 表示可读、1 表示可写、1 表示可执行，0 表示不可读，0 表示不可写，0 表示不可执行，再将各组用二进制数表示的权限转换为十进制。

例 1：chmod   644   test.txt   //设定文件 test.txt 的属主可读、可写，其他所有用户只可读

例 2：chmod   664   test.txt   //设定文件 test.txt 属主和同组用户可读、可写

例 3：chmod   775   test.txt   //设定文件 test.txt 属主和同组用户可读、可写，其他用户只可读

例 4：chmod   777   hadoop.sh   //设定文件 hadoop.sh 所有用户可读、可写、可执行

（2）改变文件或目录的属主或属组

用法：chown [选项] [用户或组名][文件/目录名]

选项如下。

-R：递归地改变指定目录及其所有子目录和文件的属主。

-v：显示 chown 命令执行进程。

例 1：chown user file.c   //改变文件 file.c 的属主为 user

例 2：chown -R user /prog   //把目录 prog 及其所有子目录和文件的属主改为 user

（3）改变文件或目录的属组

用法：chgrp [选项] [组名][文件/目录名]

选项：-R 表示递归地改变指定目录及其所有子目录和文件的属组。

例 1：chgrp user file.c   //改变文件 file.c 的属组为 user

例 2：chgrp -R user /prog   //把目录 prog 及其所有子目录和文件的属组改为 user

3.2.4　文件备份和压缩

（1）为文件或目录创建档案，建立备份

用法：tar [主选项+附选项] [文件或目录]

主选项如下。

-c：创建新档案（备份）。

-r：在档案文件尾部追加文件。

-t：列出档案文件的内容。

-x：从档案中释放文件。

附选项如下。

-f：使用档案文件（必选项）。

-v：显示 tar 命令执行进程。

-z：用 gzip 来压缩、解压文件。

例 1：tar -cvf user.tar /home   //把目录/home 下的文件和子目录备份到文件 user.tar

例 2：tar -cvf user.tar.gz /home   //把目录/home 下的文件和子目录压缩并备份到文件 user.tar.gz

例 3：tar -tvf user.tar   //查看备份文件 user.tar 的内容

例 4：tar -xzf user.tar.gz   //把备份文件 user.tar.gz 还原并解压，不显示还原过程

（2）压缩/解压指定文件或文件夹

用法：gzip [选项] [压缩(解压)文件名]

选项如下。

-d：把压缩文件解压缩。

-r：递归地压缩或解压指定目录及其子目录。

-t：测试压缩文件是否完整。

-v：显示指令执行过程。

例 1：gzip *   //压缩当前目录下的所有文件（结果：文件全名.gz）

例 2：gzip -dv *   //解压当前目录下的所有压缩文件，显示解压过程

例 3：gzip test.c   //压缩当前目录下的文件 test.c（结果：test.c.gz）

例 4：gzip -d test.c   //解压当前目录下的文件 test.c.gz，不显示解压过程

3.3　进程管理与作业控制

执行中的程序称作进程。当程序可执行文件存放在内存中，并且运行的时候，每个进程会被动态地分配系统资源、内存、安全属性和与之相关的状态。本节主要介绍了进程查看与调度的相关命令。

3.3.1　进程查看

（1）查看当前在线用户情况

用法 1：who 　　　　　　 //显示当前在线用户信息，包括用户名、所用终端、登录时间

用法 2：whoami 　　　　　 //显示当前正在工作的用户信息

用法 3：who –uH 　　　　　//以表格形式显示当前在线用户详细信息

（2）查看当前在线用户的详细信息

与 who 命令功能相似，但显示的用户信息更详细，包括在线用户正在进行的工作。

用法：w 　　　　　　　　 //显示当前在线用户信息，包括用户名、终端、登录时
　　　　　　　　　　　　 //间、进行的工作

（3）查看进程

用法：ps [选项]

选项如下。

-e：显示所有进程。

-l：长格式显示。

-a：显示终端活动进程。

-x：显示未在终端活动的进程。

-u：显示进程所有者。

例 1：ps -e 　　　　　　　 //显示当前所有进程

例 2：ps -la 　　　　　　　//以长格式显示当前终端活动进程

例 3：ps -au 　　　　　　　//显示当前终端活动进程及其所有者

（4）动态监控系统进程

与 ps 命令相似，但 top 独占前台，动态监控系统进程，使用交互命令'q'退出。

用法：top

例：top 　　　　　　　　　//动态监控系统进程

3.3.2　进程调度

（1）强制中断（结束）进程

用法：kill [进程号] 　　　　//中断进程号对应的进程

使用该命令时，应先使用 ps 命令查看进程号，再使用该命令结束进程。

（2）修改正在运行进程的优先权

用法：renice num PID 　　　//修改进程号为 PID 的进程为 num 级优先权

该命令较少使用，并非所有用户都能修改进程优先权。

3.4　磁盘存储管理

　　硬盘空间是一个有限的资源，故本节着重介绍了硬盘设备分区、存取等常用的硬盘管理操作，以便用户随时了解当前硬盘空间的使用情况。

3.4.1 磁盘管理命令

fdisk：磁盘分区表操作。

用法：fdisk [-l] [装置名称]

选项-l 表示输出装置所有的分区内容。若仅执行 fdisk -l，系统将会把整个系统内能够搜寻到的装置分区均列出来。

3.4.2 存取命令

（1）查看磁盘空间使用情况

用法：df [选项]

选项如下。

-a：显示所有文件系统磁盘使用情况。

-T：显示文件系统类型。

例：df   //列出目前在 Linux 系统上的文件系统磁盘使用情况

（2）统计文件或目录占用磁盘空间大小

用法：du [选项] [文件或目录名]

选项如下。

-a：递归显示目录中所有文件和子目录占用磁盘数据块数。

-s：对每个文件或目录只给出所占用数据块数（512KB）。

例：du   //列出文件容量

3.5 系统管理与常用网络命令

随着服务器的增多，网络环境越来越复杂，Linux 网络管理显得越来越重要，故本节主要介绍了常用的系统管理和网络管理命令。

3.5.1 系统管理

系统管理的常用命令如下（注：以下命令一般只能由管理员执行）。

（1）向所有在线用户发送消息

用法：wall [消息]

例 1：wall 'Thank you'   //向所有在线用户发送消息'Thank you'

例 2：wall < message   //把文本文件 message 的内容发送给所有在线用户

（2）向某个在线用户发送消息

用法：write user   //user：预备传信息的使用者账号

消息内容   //输入信息，若想结束同时按〈Ctrl+C〉键

（3）查看内存使用情况

用法：free [选项]

选项如下。

-b：以字节为单位显示。

-k：以 k 字节为单位显示。

-m：以 m 字节为单位显示。

（4）关机或重启 Linux 系统

用法：shutdown [选项] [时间] [警告信息]

选项如下。

-r：关机后重启。

-h：关机不重启。

now：立刻关机或重启。

例 1：shutdown -r +10   //10 分钟后关机重启

例 2：shutdown -h now   //立刻关机不重启

（5）重启系统

用法：reboot

3.5.2 常用网络命令

（1）显示主机名称

用法：hostname

（2）查看网络配置情况

用法：ifconifg

（3）测试网络连通情况

用法：ping [目标主机名/IP 地址]

（4）显示网络状态信息

用法：netstat

3.6 在线帮助系统

在 Linux 系统中，若遇到困难，可以使用帮助命令来取得帮助。本节主要介绍了不同版本 Linux 系统的官网网址以及常见帮助命令。

1. 不同版本的官网地址

Linux 系统有多种版本可供使用，读者可自行选择最合适的版本，下面列出三种常用版本的官网网址，其余版本读者可自行搜索查看。

CentOS：https://www.centos.org/。

Debian：https://www.debian.org/。

Gentoo：https://www.gentoo.org/。

2. 访问官网文档系统

（1）查找命令使用方法

用法：man [选项] [命令名]

选项如下。

-a：显示所有帮助页。

-f：只显示功能，不显示详细说明。

例：man -f ls   //显示 ls 命令的功能

（2）查看命令使用方法和说明

用法：[命令名] -help

例：more   -help   //查看 more 命令的详细使用方法

3.7　实践：Linux 操作系统的安装与部署

本节首先介绍了 Linux 操作系统的安装和卸载、远程复制命令，对 XML 进行了简要介绍，重点介绍了 CentOS 操作系统的安装步骤以及系统环境的配置。

本书使用的 VMware 版本为 16.1.2，CentOS 操作系统的版本为 CentOS 7。

3.7.1　Linux 的安装和卸载

（1）安装/卸载本地软件包

用法：rpm [选项] 软件包名.rpm

选项如下。

-i：安装软件包。

-v：显示软件包详细信息。

-h：显示安装进程，一般和-v 一起使用。

-e：删除已安装软件包。

-U：升级软件包。

-a：查询/校验所有软件包。

-l：列出软件包中的文件。

-q：查询软件包信息。

-t：测试安装软件包，并非安装。

-nodeps：不考虑软件包的依赖关系，强制安装或卸载。

例 1：rpm -ivh 软件包名.rpm   //安装软件包，显示安装进程

例 2：rpm -qa 软件包名称   //查询已安装软件包，若没有安装则无显示

例 3：rpm -e package   //删除软件包

例 4：rpm -help   //查询 rpm 命令的用法

（2）在线安装/升级软件包

Linux 系统供应商提供在线升级资源库，使用该命令可以在线安装、升级 Linux 组件。

用法：yum [选项] [软件包列表]

选项如下。

install：安装软件包最新版本。

update：升级软件包，如果未指定，则升级所有软件。

remove：删除已安装软件包。

list：列出资源库中可用的软件包。

3.7.2 局域网主机间远程复制文件/目录

scp：主机之间安全地复制文件。

用法：scp [选项] [源文件路径] [目标路径]

选项如下。

-q：不显示传输进度条。

-r：递归复制整个目录。

用法 1：scp [本地源文件][远程主机上的用户名@远程主机 IP 地址:远程目标目录]

//把本地文件复制到局域网另外一台主机上

例 1：scp /home/user/full.tar.gzroot@192.168.1.75:/home/root

//将本地文件/home/user/full.tar.gz 复制到 IP 地址为 192.168.1.75 的主机上 root 用户的 /home/root 目录下

系统会提示输入远程主机 root 用户的登录密码。

用法 2：scp [远程主机上的用户名@远程主机 IP 地址:远程源文件][本地目标目录]

//把远程主机上的文件复制到本地主机

例 2：scproot@192.168.1.75:/home/root/full.tar.gz /home/daisy

//将 IP 地址为 192.168.1.75 的主机上 root 用户/home/root 目录下的文件 full.tar.gz 复制到本地主机目录/home/daisy

3.7.3 XML 文件介绍

Linux 系统中通常有很多以.xml 结尾的配置文件，那么 XML 文件包含哪些元素？这些元素具体有什么意义？

XML，又称可扩展标记语言，用于在不同平台、不同应用之间传输数据。和超文本标记语言不同，XML 的设计宗旨是传输数据，而不是显示数据。XML 没有预定义标签，用户需要自行定义标签。它被设计用来传输和存储数据，是独立于软件和硬件的信息传输工具。目前，XML 是各种应用程序之间进行数据传输的最常用的工具之一，通过 XML，程序可以更容易地与 Windows、Mac OS、Linux 以及其他平台下产生的信息结合，很容易将 XML 数据加载到程序中进行分析，并以 XML 格式输出结果。

一个 XML 文件通常包含文件头和文件体两大部分。

（1）文件头

XML 文件头由 XML 声明与 DTD 文件类型声明组成，其中 DTD 文件类型声明可以省略。XML 声明必须放在程序开头，使文件符合 XML 的标准规格。一般文件第一行代码即为 XML 声明：

```
<?xml version="1.0" encoding="gb2312"?>
```

其中，"<?"表示一条指令开始，"?>"表示结束；"xml"表示此文件是 XML 文件；version="1.0"表示此文件用的是 XML1.0 标准；encoding="gb2312"表示此文件所用的字符集，默认值为 Unicode，如果文件中用到中文，就必须将此值设定为 gb2312。

注意：XML 声明必须出现在文档的第一行。

（2）文件体

文件体中包含 XML 文件的内容，XML 元素是 XML 文件内容的基本单元。从语法上讲，一个元素包含一个起始标记、一个结束标记以及标记之间的数据内容。

XML 元素与 HTML 元素的格式基本相同，其格式如下。

<标记名称>属性名 1="属性值 1" 属性名 2="属性值 2" ......</标记名称>

所有的数据内容都必须在某个标记的开始标记和结束标记内。每一对标记又可以包含在另一个标记的开始标记与结束标记内，形成嵌套式分布，只有最外层的标记不必被其他的标记所包含。最外层的是根元素（Root），又称文件元素（Document），所有的元素都包含在根元素内。

注释的表示为<!--注释说明-->

（3）XML 文件示例

以下是用 XML 语言编写的 HDFS 配置文件示例，文件名为 hdfs-site.xml。

```xml
<?xml version="1.0" encoding="UTF-8"?>
<?xml.stylesheet type="text/xsl" href="configuration.xsl"?>
<!--
  Licensed under the Apache License, Version 2.0 (the "License");
......
  http://www.apache.org/licenses/LICENSE.2.0
......
  limitations under the License. See accompanying LICENSE file.
-->
<!-- Put site.specific property overrides in this file. -->
<configuration>
    <property>
        <name>dfs.replication</name>
        <value>3</value>
    </property>
    <property>
        <name>dfs.namenode.name.dir</name>
        <value>file:/usr/local/hadoop/hadoop_data/hdfs/namenode</value>
    </property>
    <property>
        <name>dfs.datanode.data.dir</name>
        <value>file:/usr/local/hadoop/hadoop_data/hdfs/datanode</value>
    </property>
</configuration>
```

其中，第 1~2 行是文件头，是 XML 声明与 DTD 文件类型声明，表示此文件是 XML1.0 文件，采用的字符集是 UTF-8；第 3~10 行是注释部分；<configuration>……</configuration>

是根元素，此处表示该文件的内容是软件有关参数的配置。其中包含 3 对<property>……</property>元素，分别表示和软件配置有关的三个属性，每对<property>……</property>元素又各包含<name>……</name>和<value>……</value>元素对各一对，分别表示属性名称和属性的值。

1）具体来说该文件定义了 HDFS 环境的 3 个属性。

<configuration>……</configuration>是根元素，表示其中内容为 HDFS 环境的配置。

第 1 对<property>……</property>中，name 是属性的名称，表示 HDFS 数据块备份数量；value 是属性值，表示每个数据块备份 3 份。

第 2 对<property>……</property>中，name 是属性的名称，表示 HDFS 系统中 namenode 的存储属性；value 是属性值，表示 HDFS 系统中 namenode 的存储位置。

第 3 对<property>……</property>中，name 是属性的名称，表示 HDFS 系统中 datanode 的存储属性；value 是属性值，表示 HDFS 系统中 datanode 的存储位置。

2）Hadoop 系统通过读取该文件，对 HDFS 系统进行配置。

3.7.4 VMware 安装及 CentOS 系统环境准备

在一台计算机上将硬盘和内存的一部分拿出来虚拟出若干台机器，每台机器可以运行单独的操作系统而互不干扰，这些"新"机器各自拥有自己独立的 CMOS（互补金属氧化物半导体）、硬盘和操作系统，用户可以像使用普通机器一样对它们进行分区、格式化、安装系统和应用软件等操作，这些"新"机器就被称为虚拟机。虚拟机软件不需要重开机，就能在同一台计算机上使用多个操作系统，方便且安全。本书后续的操作在 VMware 中完成。

VMware 官网下载地址为 https://www.vmware.com/cn/products/workstation-pro/workstation-pro-evaluation.html。

CentOS 是 Linux 操作系统的主要版本之一（详见 3.6.1 节），常用的两种 CentOS 版本下载地址如下，读者可任选一个版本下载。

CentOS 6 在网易镜像网站下载地址为 http://mirrors.163.com/.help/centos.html。

CentOS 7 在阿里云镜像网站下载地址为 http://mirrors.aliyun.com/centos/7/isos/x86_64/。

1．安装 VMware

首先进行 VMware 的安装（本书使用 VMware16），具体步骤如下。

1）下载 VMware 安装包，双击安装程序，打开 VMware Workstation 安装向导，如图 3-1 所示。

2）单击图 3-1 中的"下一步"按钮，弹出"许可协议"窗口，选择"同意"。继续单击"下一步"按钮，弹出"自定义安装"窗口，选择安装位置（建议装在 D 盘），如图 3-2 所示。

3）单击图 3-2 中的"下一步"按钮，弹出"用户体验设置"窗口，无须更改。单击"下一步"按钮，弹出"快捷方式"窗口，无须更改。继续单击"下一步"按钮，弹出"准备升级 VMware Workstation Pro"窗口。单击"升级"按钮，弹出"正在安装 VMware Workstation Pro"窗口，如图 3-3 所示。

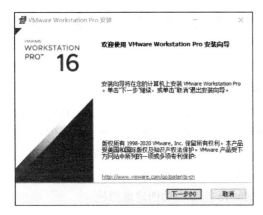

图 3-1　安装向导

图 3-2　自定义安装

4）单击图 3-3 中的"下一步"按钮，弹出"VMware Workstation Pro 安装向导已完成"窗口，如图 3-4 所示。

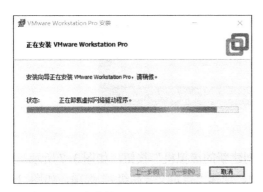

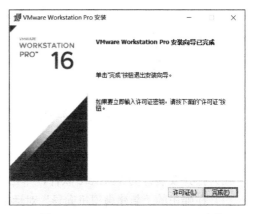

图 3-3　正在安装 VMwareWorkstation Pro

图 3-4　VMware Workstation Pro 安装

5）单击图 3-4 中的"许可证"按钮，在弹出的"输入许可证密钥"窗口中输入密钥，如图 3-5 所示。

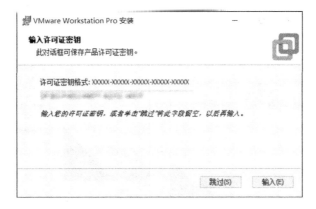

图 3-5　输入许可证密钥

6）单击图 3-5 中的"输入"按钮，弹出"安装向导完成"窗口，即完成 VMware 的安装。

2. 安装 CentOS

VMware 安装完成后，接下来进行 CentOS 的安装。

1）检查 BIOS（基本输入输出系统）虚拟化支持。计算机的 BIOS 中有如图 3-6 所示的"是否支持主机虚拟化设置"选项，多数版本的 BIOS 中默认选择支持，但也存在一些版本的 BIOS 默认选择不支持，所以在使用 VMware 创建虚拟机之前，需要确认计算机的 BIOS 中对应选项选择"Enable"。具体方法本书不再赘述，请读者识别所使用计算机的 BIOS 版本及相应设置选项，以确保 VMware 能够成功创建虚拟机。

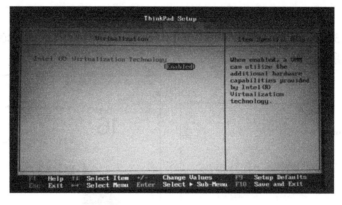

图 3-6　检查 BIOS 虚拟化支持

2）打开安装好的 VMware 软件，单击"创建新的虚拟机"按钮，如图 3-7 所示。

3）在弹出的"新建虚拟机向导"对话框中，选择"自定义（高级）"选项，如图 3-8 所示。

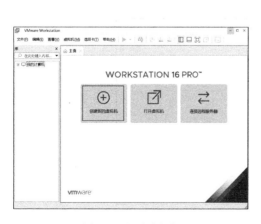

图 3-7　新建虚拟机

图 3-8　选择自定义

42

4）单击图 3-8 中的"下一步"按钮，进入"选择虚拟机硬件兼容性"对话框，保持默认选项，继续单击"下一步"按钮，进入"安装客户机操作系统"对话框，选择"稍后安装操作系统"选项，如图 3-9 所示。

5）单击图 3-9 中的"下一步"按钮，打开"选择客户机操作系统"对话框，选择"Linux"选项，并在"版本"下拉列表框中选择"CentOS 7 64 位"，如图 3-10 所示。

图 3-9　创建虚拟空白光盘

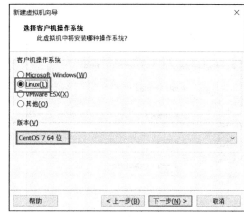

图 3-10　安装操作系统

6）单击图 3-10 中的"下一步"按钮，打开"命名虚拟机"对话框，可以输入"虚拟机名称"，并自行选择虚拟机安装路径，如图 3-11 所示。

7）单击图 3-11 中的"下一步"按钮，打开"处理器配置"对话框，建议选择双核或多核，如 3-12 所示。

图 3-11　虚拟机命名

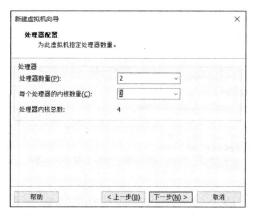

图 3-12　处理器配置

8）单击图 3-12 中的"下一步"按钮，打开"此虚拟机的内存"对话框，设置内存，建议至少设置为 2GB，如果硬件条件允许，最好能够设置得更大，如图 3-13 所示。

9）单击图 3-13 中的"下一步"按钮，打开"网络设置"对话框，网络设置 NAT 方式，也可以选择网桥方式，本书采用 NAT 方式，此处略过。单击"下一步"按钮，打开"选择 I/O 控制器类型"对话框，建议保持默认（LSI Logic）。单击"下一步"按钮，打开"选择磁盘类型"对话框，建议使用推荐选项（SCSI(S)）。继续单击"下一步"按钮，打开"选择磁盘"对话框，新建虚拟磁盘，建议使用默认选项，如图 3-14 所示。

图 3-13　设置虚拟机内存

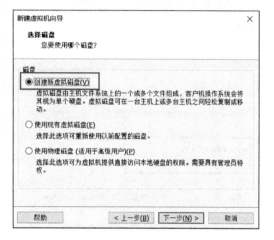

图 3-14　新建虚拟磁盘

10）单击图 3-14 中的"下一步"按钮，打开"指定磁盘容量"对话框，设置磁盘容量，建议根据所使用计算机的磁盘大小、虚拟机数量以及集群用途做好规划，本书使用默认大小（20GB）；建议选择"将虚拟磁盘拆分成多个文件"，如图 3-15 所示。

11）单击图 3-15 中的"下一步"按钮，打开"指定磁盘文件"对话框，设置磁盘文件存储地址，建议此处选择默认，如图 3-16 所示。

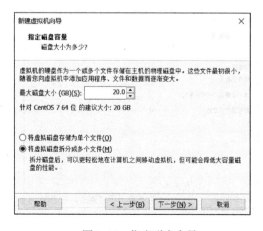

图 3-15　指定磁盘容量

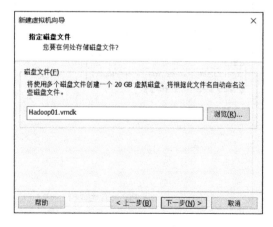

图 3-16　指定磁盘文件

12）单击图 3-16 中的"下一步"按钮，打开"已准备好创建虚拟机"对话框，新建虚拟机向导配置完成，单击"完成"按钮，如图 3-17 所示。

13）在 VMware 软件主界面，选择"虚拟机"菜单中的"设置"菜单项，打开虚拟机设置对话框，如图 3-18 所示。

图 3-17 配置完成

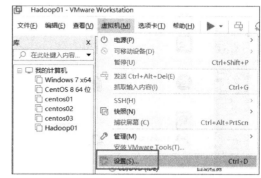

图 3-18 VMware 设置

14）选择"CD/DVD"选项打开对话框在"使用 ISO 映像文件"中单击"浏览"按钮，选择准备好的 CentOS 安装文件，加载事先准备好的 ISO 格式的安装文件，如图 3-19 所示。

15）回到 VMware 主界面，选择刚才创建的虚拟机，单击"开启此虚拟机"按钮，开机首先进入初始化页面，如图 3-20 所示。

在如图 3-20 所示菜单中，按〈Enter〉键选择第一个开始安装配置，此外，同时按〈Ctrl+Alt〉组合键可以实现输入焦点在 Windows 主机和 VMware 窗口之间切换的功能。

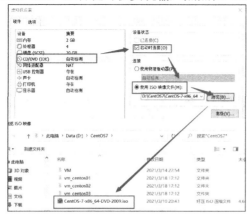

图 3-19 加载 ISO

图 3-20 加电后初始化

16）完成以上步骤进入 CentOS 欢迎页面，进行 CentOS 的配置。首先选择字体，本书选择"中文"→"简体中文（中国）"。随后进入"安装信息摘要"页面，如图 3-21 所示。

17）单击"安装位置"按钮，打开"安装目标位置"页面，不做任何修改。单击"完成"按钮，返回"安装信息摘要"页面，单击"网络和主机名"按钮，打开"网络和主机名"页面，将以太网设置为"打开"，如图 3-22 所示。

图 3-21　安装信息摘要

图 3-22　设置以太网

18）单击图 3-22 中的"完成"按钮，返回"安装信息摘要"页面，单击"软件选择"按钮，打开"软件选择"页面，在"基本环境"中选择 GNOME 桌面。

19）在"安装信息摘要"页面，单击"开始安装"按钮，进入"配置"页面，设置 ROOT 密码、创建用户，如图 3-23 所示。

20）单击图 3-23 中的"ROOT 密码"按钮，设置 Root 密码（一定要记住，最好不要过于复杂），安装成功后使用 Root 账户登录时需要输入此密码，如图 3-24 所示。

图 3-23　配置

图 3-24　设置 Root 密码

21）单击图 3-23 中的"创建用户"按钮，本书建议将用户名设置为 hadoop，如图 3-25 所示。

图 3-25　创建用户

22）单击图 3-25 中的"完成"按钮，返回"配置"页面，等待安装完成，耐心等待大概 20min，如图 3-26 所示。

23）单击图 3-26 中的"重启"按钮，进入"初始配置"页面，如图 3-27 所示。

图 3-26　信息摘要安装完成

图 3-27　初始配置

24）单击图 3-27 中的"LICENSE INFORMATION"按钮，打开"许可证"界面，单击"我同意……"即可。完成后，用 Root 账户登录，进入桌面，登录页面和桌面如图 3-28 和图 3-29 所示。

图 3-28　Root 登录

图 3-29　桌面

至此，完成 CentOS 的安装。此外，介绍一款操作方便、页面简洁的远程服务连接工具 FinalShell，它能帮助用户快速连接服务器，并且可以实现同步切换目录等功能，读者可以根据需要自行下载。关于 FinalShell 的配置和使用，请参见扩展视频 01。

扩展视频 01

3．配置系统环境

最后一步是进行系统环境的配置。

（1）修改用户权限

为使普通用户可以使用 Root 权限执行命令，且无须切换到 Root 用户，可以在命令前加 sudo 指令。即在 Root 用户权限下（切换至 Root 用户），修改文件/etc/sudoers，在 root ALL=(ALL) ALL 下方加入 hadoop ALL=(ALL) ALL，保存文件。

此时切回至 hadoop 用户后，只需在命令前加上 sudo 即可执行 Root 用户权限的命令。

（2）关闭防火墙

防火墙处于开启状态时，会影响内网集群间的通信，因此需要关闭防火墙。

常用命令如下。

```
sudo systemctl stop firewalld.service            //关闭防火墙
sudo systemctl disable firewalld.service         //禁止防火墙开机启动
sudo firewalld-cmd --state                       //查看防火墙状态
sudo systemctl status firewalld                  //查看防火墙状态
sudo systemctl is-enabled firewalld.service      //查看防火墙开机启动状态
sudo systemctl list-unit-files|grep enabled      //查看已启动的服务列表
```

（3）新建资源目录

在目录/opt 下新建两个文件夹 softwares 和 modules，用于存储软件安装包和安装后的文件。

1）创建 softwares 文件夹，代码如下。

```
[hadoop@centos01 root]$ cd /opt/
[hadoop@centos01 opt]$ sudo mkdir softwares
```

2）创建 modules 文件夹，代码如下。

```
[hadoop@centos01 opt]$ sudo mkdir modules
```

3）删除 rh 文件夹，代码如下。

```
[hadoop@centos01 opt]$ sudo rm -rf rh/
```

4）将/opt 及其子目录中所有文件的所有者和组更改为用户 hadoop 和组 hadoop，代码如下。结果如图 3-30 所示。

```
[hadoop@centos01 opt]$ sudo chown hadoop:hadoop modules/ softwares/
```

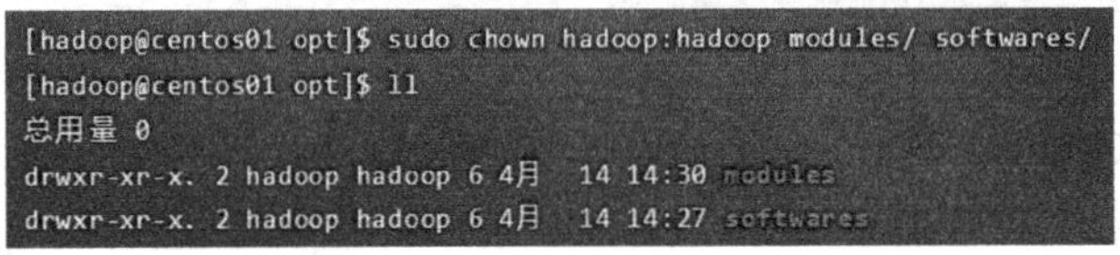

图 3-30　在目录/opt 下新建两个文件夹

3.7.5　克隆虚拟机

首先，大数据集群需要多台服务器，实际应用中，需要购买多台硬件设备，并一一

48

安装及设置。本书通过 VMware 虚拟机系统管理多台虚拟机达到模拟服务器集群的效果，这就需要安装多台虚拟机。而各虚拟机的操作系统一致，在 VMware 软件中可以通过克隆虚拟机快速复制安装好 CentOS 系统的多台虚拟机，从而避免重复安装。下面介绍克隆虚拟机的步骤。

1）关闭要被克隆的虚拟机（指刚才已经安装好 CentOS 系统的虚拟机）。

2）找到克隆选项，如图 3-31 所示。

3）进入克隆虚拟机向导页面，单击"下一步"按钮，打开"克隆源"对话框，保持默认选项（虚拟机中的当前状态）。单击"下一步"按钮，打开"克隆类型"对话框，选择"创建完整克隆"按钮，如图 3-32 所示。

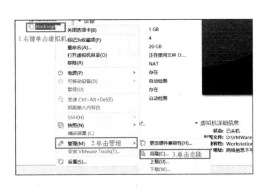

图 3-31　克隆虚拟机

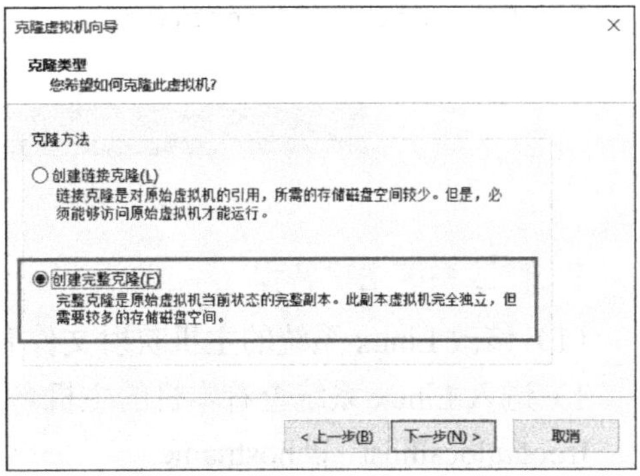

图 3-32　创建完整克隆

4）单击图 3-32 中的"下一步"按钮，打开"新虚拟机名称"对话框，选择克隆的虚拟机名称和存储位置，如图 3-33 所示。

5）单击图 3-33 中的"完成"按钮，进入"正在克隆虚拟机"对话框，等待克隆，当进度条完成，显示完成，单击"关闭"按钮，完成克隆，如图 3-34 所示。

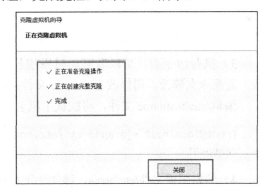

图 3-33　修改虚拟机名称及自定义虚拟机位置

图 3-34　完成克隆

通过以上步骤，可以快速创建多台安装好 CentOS 系统的虚拟主机，但克隆的主机上所有配置是一样的。在搭建大数据集群之前，还需要修改若干配置信息，在接下来的章节中将一一进行讲解。

3.7.6 配置主机名

1. 显示系统的主机名称

使用主机名称来设置或显示当前主机、域或系统的节点名，一般比直接使用主机 IP 地址方便。

（1）基本语法

hostname：用于查看当前服务器的主机名称。

（2）案例实操

代码如下，结果如图 3-35 所示。

```
[root@localhost ~]# hostname
```

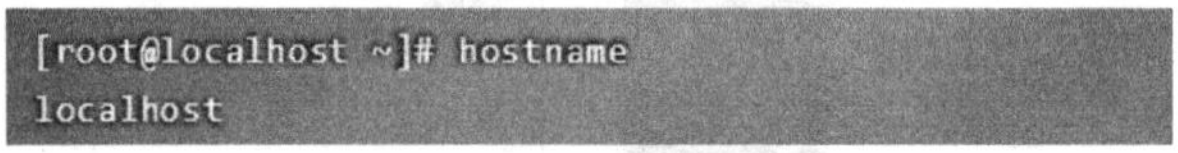

图 3-35　显示系统的主机名称

2. 修改系统主机名称

（1）修改 Linux 系统的主机映射文件 hosts

1）进入 Linux 系统查看本机的主机名。

[root@localhost ~]# hostname

2）如果感觉此主机名不合适，可以进行修改。执行以下命令，设置主机名为 centos01，结果如图 3-36 所示。

[root@localhost ~]# sudo hostname centos01

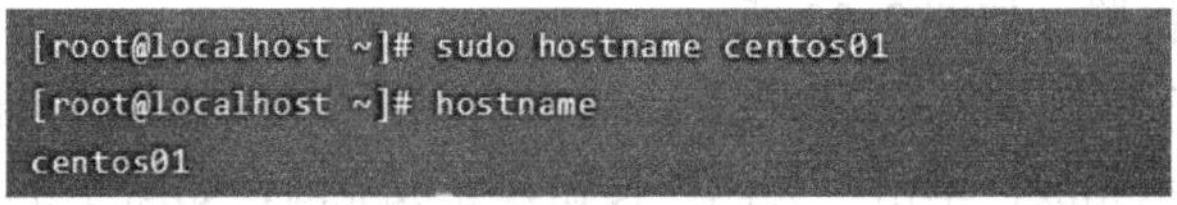

图 3-36　修改系统主机名称

注意： 主机名称不要有 "_" 下画线。

3）执行命令后，可以看到此时系统的主机名已修改为 centos01，但这只是临时修改。若想永久修改，需修改 hostname 文件的配置。

编辑/etc/hostname 文件，将默认主机名修改为想要的主机名，这里改为 centos01。

```
[root@localhost ~]# sudo vi /etc/hostname
centos01
```

4）编辑配置文件/etc/hosts，添加如下内容，结果如图 3-37 所示。

图 3-37　编辑配置文件/etc/hosts

```
[root@localhost ~]# vim /etc/hosts
192.168.184.129centos01
```

5）执行 reboot 命令重启设备，重启后，查看主机名，已经修改成功，如图 3-38 所示。

图 3-38　成功修改主机名

6）克隆出来的其余两台机器主机名修改方法同上。

（2）修改 Windows10 的主机映射文件（hosts 文件）

1）进入 C:\Windows\System32\drivers\etc 路径。

2）打开 hosts 文件并添加如下内容（修改为自己三台机器的 IP 地址和主机名）。

```
192.168.184.133centos01
192.168.184.134centos02
192.168.184.135centos03
```

3.7.7　配置网络 IP 地址

本节介绍配置 3 个节点的网络 IP 地址的步骤，也可通过扩展视频 02 学习。

扩展视频 02

1. 查看网络接口配置

（1）基本语法

ifconfig：显示所有网络接口的配置信息。

（2）查看当前网络 IP 地址

命令执行结果如图 3-39 所示。

```
[root@localhost ~]# ifconfig
```

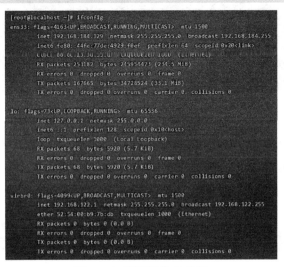

图 3-39　查看当前 IP 地址

2. 修改 IP 地址

（1）修改 IP 地址

代码如下，结果如图 3-40 所示。

```
[root@localhost ~]# sudo vim /etc/sysconfig/network-scripts/ifcfg-ens33
（注：以下加粗的项必须修改，有值的按照下面的值修改，没有该项的要增加。）
#系统启动的时候网络接口是否有效（yes/no）
ONBOOT=yes
# IP 的配置方法[none|static|bootp|dhcp]（引导时不使用协议|静态分配 IP|BOOTP 协议|DHCP 协议）
BOOTPROTO=static
#IP 地址
IPADDR=192.168.184.133
NETMASK=255.255.255.0
GATEWAY=192.168.184.2
DNS1=192.168.184.2
DNS2=114.114.114.114
```

图 3-40　修改 IP 地址

（2）重启网络服务（若报错则重启虚拟机）

代码如下，结果如图 3-41 所示。

```
[root@localhost ~]#service network restart
```

```
[root@localhost ~]# service network restart
Restarting network (via systemctl):                    [ 确定 ]
```

图 3-41　重启网络服务

至此，便已经准备好搭建大数据系统所需的虚拟机环境，下一章将正式讲解集群的具体搭建过程。

本章小结

本章主要介绍了 Linux 系统的主要命令、虚拟机的安装、Linux 系统的搭建过程以及虚拟机的系统环境准备，为后续搭建集群做好了准备。本章的重点是熟悉 Linux 基础命令，以便后续搭建集群时，读者能够熟练操作 Linux 系统。

本章练习

一、选择题

1. 观察系统动态进程的命令是（单选）。（　　　）
   A．free　　　　　　B．top　　　　　　C．lastcomm　　　　D．df

2. 系统中某文件的组外权限是只读、属主权限是全部、组内权限是可读可写，那么该文件权限为（单选）。（　　　）
   A．467　　　　　　B．674　　　　　　C．476　　　　　　D．764

3. 解压缩文件 mydjango.tar.gz 可以执行（多选）。（　　　）
   A．tar -zxvf mydjango.tar.gz

   B．tar -xvz mydjango.tar.gz

   C．tar -czf mydjango.tar.gz

   D．tar - xvf mydjango.tar.gz

4. 下列哪一项包含了主机名到 IP 地址映射关系的文件？（单选）（　　　）
   A．/etc/hostname　　　　　　　B．/etc/hosts

   C．/etc/resolv.conf　　　　　　D．/etc/networks

5. 退出交互式 Shell，应该输入什么命令？（单选）（　　　）
   A．q!　　　　　　B．quit　　　　　　C．;　　　　　　D．exit

二、判断题

1. Linux 配置文件一般放在 bin 目录。（　　　）

2. 改变文件属主的命令是 chmod。（　　　）

3. ping 命令常用于检测网络主机是否可达。（　　　）

4. cd 命令可以改变用户的当前目录，当用户键入命令"cd"并按〈Enter〉键后，当前目录改为根目录。（　　　）

5. 按下〈Ctrl+C〉键能终止当前命令的运行。（　　　）

三、简答题

1. 什么是 Linux？其创始人是谁？有哪些版本？

2．请简单描述 Linux 系统安装完成后系统配置的步骤。

3．执行命令"ls -l"时，某行显示：

```
-rw-r--r--  1  chris  chris  207  Jul 20 11:58  mydata
```

（1）用户 chris 对该文件有什么权限？

（2）执行命令"useradd Tom"后，用户 Tom 对该文件有什么权限？

（3）如何使得全部用户拥有对该文件的所有权限？

（4）如何将文件属主更改为 root？

第4章
Hadoop 技术基础及构建 Hadoop 集群

本章内容

本章首先介绍了 Hadoop 的基本概念和集群的搭建步骤，其次介绍了 ZooKeeper 的架构体系、ZooKeeper 的 leader 选举原理、安装部署过程及命令行操作，然后介绍了 HDFS 高可用和 YARN 高可用的工作机制，并在搭建好的三个节点上继续介绍了高可用的配置流程，最后借助四个案例介绍了 HDFS 命令行操作以及 MapReduce 程序的编写、部署和运行。

本章要点

- 了解 Hadoop 组成架构，掌握 Hadoop 分布式文件系统（HDFS）的使用。
- 熟悉 ZooKeeper 所涉及的技术基础。
- 理解 ZooKeeper 集群 leader 的选举机制。
- 掌握高可用 Hadoop 集群和 YARN 集群的搭建。

4.1 Hadoop 技术基础

本节介绍了 Hadoop 的组成以及各组件的具体架构、Hadoop 三种运行模式及其区别、HDFS 体系结构和常用命令，着重介绍了在安装好的系统上进行 Hadoop 集群的环境配置、搭建及启动。

4.1.1 Hadoop 的组成

Hadoop 有两大版本：Hadoop 1.x 和 Hadoop 2.x，如图 4-1 所示。从图 4-1 可以看出，Hadoop 2.x 增加了 YARN，这是二者的主要区别。

1. HDFS 架构概述

Hadoop 分布式文件系统（Hadoop Distributed File System，HDFS）的架构图如图 4-2 所示。

HDFS 是 Hadoop 项目的核心子项目，是分布式计算中数据存储及管理的基础，是基于流数据模式访问和处理超大文件的需求而开发的，可以运行于廉价的商用服务器上。它所具有的高容错、高可靠性、高可扩展性、高获得性、高吞吐率等特征为海量数据提供了不怕故障的存储，为超大数据集（Large Data Set）的应用处理带来了很多便利。

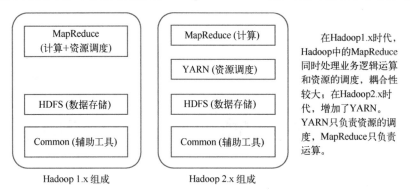

图 4-1　Hadoop 1.x 与 Hadoop 2.x 的区别

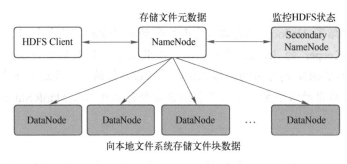

图 4-2　HDFS 架构图

Hadoop 整合了众多文件系统，其中有一个综合性的抽象文件系统，它提供了文件系统实现的各类接口。而 HDFS 只是这个抽象文件系统的一个实例，它提供了一个高层的文件系统抽象类 org.apache.hadoop.fs.FileSystem，这个抽象类展示了一个分布式文件系统，并有几个具体的实现。

Hadoop 提供了许多文件系统的接口，用户可以使用统一资源标识符（URI）方案选取合适的文件系统来实现交互。

（1）数据块

HDFS 默认的最基本的存储单位是 64MB 的数据块。和普通文件系统相同的是，HDFS 中的文件是被分成 64MB 一块的数据块而存储的。与普通文件系统不同的是，在 HDFS 中，如果一个文件小于一个数据块的大小，并不占用整个数据块存储空间。

（2）NameNode 和 DataNode

HDFS 体系结构中有两类节点，一类是 NameNode，又叫"元数据节点"；另一类是 DataNode，又叫"数据节点"。这两类节点分别是承担 Master 和 Slave 具体任务的执行节点。

1）元数据节点用来管理文件系统的命名空间。元数据节点将所有的文件和文件夹的元数据保存在一个文件系统树中，这些信息也会在硬盘上保存成以下文件：命名空间镜像（Namespace Image）及修改日志（Edit Log）。另外，它还保存了一个文件包括哪些数据块、分布在哪些数据节点上等信息，然而这些信息并不存储在硬盘上，而是在系统启动的时候从数据节点收集而成。

2）数据节点是文件系统中真正存储数据的地方。客户端（Client）或者元数据节点（NameNode）可以向数据节点请求写入或者读出数据块，它会周期性地向元数据节点回报其存储的数据块信息。

3）从元数据节点（Secondary NameNode）负责合并命名空间镜像文件。从元数据节点并不是元数据节点出现问题时的备用节点，它和元数据节点负责不同的事情。其主要功能是周期性地将元数据节点的命名空间镜像文件和修改日志合并，以防日志文件过大。合并过后的命名空间镜像文件也在从元数据节点保存了一份，以便元数据节点失败时进行恢复。

（3）HDFS 体系结构

HDFS 是一个主/从（Mater/Slave）体系结构，从最终用户的角度来看，它就像传统的文件系统，可以通过目录路径对文件执行 CRUD（Create、Read、Update 和 Delete）操作。但由于分布式存储的性质，HDFS 集群拥有一个 NameNode 和一些 DataNode。NameNode 管理文件系统的元数据，DataNode 存储实际的数据。客户端通过同 NameNode 和 DataNode 的交互来访问文件系统。客户端联系 NameNode 以获取文件的元数据，而真正的文件 I/O 操作是直接和 DataNode 进行交互。

1）NameNode、DataNode 和 Client：NameNode 可以看作是分布式文件系统中的管理者，主要负责管理文件系统的命名空间、集群配置信息和存储块的复制等，它会将文件系统的 Metadata 存储在内存中，这些信息主要包括了文件信息、每一个文件对应的文件块的信息和每一个文件块在 DataNode 的信息等；DataNode 是文件存储的基本单元，它将 Block 存储在本地文件系统中，保存了 Block 的 Metadata，同时周期性地将所有存在的 Block 信息发送给 NameNode；Client 就是需要获取分布式文件系统文件的应用程序。

2）文件写入：Client 向 NameNode 发起文件写入的请求，NameNode 根据文件大小和文件块配置情况，将其管理的部分 DataNode 信息返回给 Client；Client 将文件划分为多个 Block，根据 DataNode 的地址信息，按顺序写入到每一个 DataNode 块中。

3）文件读取：Client 向 NameNode 发起文件读取的请求，NameNode 返回文件存储的 DataNode 信息，Client 读取文件信息。HDFS 典型的部署是在一个专门的机器上运行 NameNode，集群中的其他机器各运行一个 DataNode；也可以在运行 NameNode 的机器上同时运行 DataNode，或者一台机器上运行多个 DataNode。一个集群只有一个 NameNode 的设计大大简化了系统架构。

（4）HDFS 优点

1）处理超大文件：这里的超大文件通常是指数百 MB、甚至数百 TB 大小的文件。目前在实际应用中，HDFS 已经能够存储管理 PB 级的数据。

2）流式访问数据：HDFS 的设计建立在更多地响应"一次写入、多次读写"任务的基础上，这意味着一个数据集一旦由数据源生成，就会被复制分发到不同的存储节点中，然后响应各种各样的数据分析任务请求。在多数情况下，分析任务都会涉及数据集中的大部分数据，也就是说，对 HDFS 来说，请求读取整个数据集要比读取一条记录更加高效。

3）运行在廉价的商用机器集群上：Hadoop 的设计对硬件需求比较低，只需运行在低廉的商用硬件集群上，而无须昂贵的高可用性机器。廉价的商用机也就意味着大型集群中出现节点故障情况的概率非常高，这就要求设计 HDFS 时要充分考虑数据的可靠性、安全性及高可用性。

（5）HDFS 缺点

1）不适合低延迟数据访问：如果要处理一些用户要求时间比较短的低延迟应用请求，则 HDFS 不太适合。HDFS 旨在处理大型数据集分析任务，主要是为达到高数据吞吐量而设计，这可能就要求以高延迟作为代价。

改进策略：对于有低延时要求的应用程序，HBase 是一个更好的选择。它通过上层数据管理项目来尽可能地弥补这个不足，在性能上有了很大的提升。HDFS 的目标是 "goes real time"，使用缓存或多 Master 设计降低 Client 的数据请求压力，以减少延时。而对于 HDFS 内部的修改，这就需要权衡大吞吐量与低延时了。

2）无法高效存储大量小文件：NameNode 把文件系统的元数据放置在内存中，所以文件系统所能容纳的文件数目由 NameNode 的内存大小决定。一般来说，每一个文件、文件夹和 Block 需要占据 150Byte 左右的空间，所以，如果有 100 万个文件，每一个文件占据一个 Block，就至少需要 300MB 内存。当前来说，数百万的文件还是可行的，当数量扩展到数十亿时，当前的硬件水平就无法实现。还有一个问题就是，MapTask 的数量是由 Splits 决定的，所以用 MapReduce（MR）处理大量的小文件就会产生过多的 MapTask，线程管理开销将会增加作业时间；举个例子，处理 10000MB 的文件，若每个 Split 为 1MB，那么就会有 10000 个 MapTasks，会有很大的线程开销；若每个 Split 为 100MB，则只有 100 个 MapTasks，每个 MapTask 将会有更多的事情做，而线程的管理开销也将减小很多。

改进策略：要想让 HDFS 能处理好小文件，方法如下。

● 利用 SequenceFile、MapFile、Har 等方式归档小文件，其原理就是把小文件归档起来管理，HBase 就是基于此的。对于这种方法，如果想找回原来的小文件内容，那就必须知道与归档文件间的映射关系。

● 横向扩展，一个 Hadoop 集群能管理的小文件有限，那就将几个 Hadoop 集群拖在一个虚拟服务器后面，形成一个大的 Hadoop 集群，Google 也曾这样做过。

● 多 Master 设计，正在研发中的 GFS II 也要改为分布式多 Master 设计，并且支持 Master 的 Failover，Block 大小改为 1MB，要有意调优处理小文件。此外，Alibaba DFS 同样是多 Master 设计，它将 Metadata 的映射存储和管理分开，由多个 Metadata 存储节点和一个查询 Master 节点组成。

3）不支持多用户写入和任意修改文件：在 HDFS 的一个文件中只有一个写入者，且写操作只能在文件末尾完成，即只能执行追加操作。目前，HDFS 还不支持多个用户对同一文件的写操作，以及在文件任意位置进行修改。

2．MapReduce 架构概述

MapReduce 运行时，通过 Mapper 运行的任务读取 HDFS 中的数据文件，进而调用自己的方法，处理数据，最后输出。而 Reducer 任务会接收 Mapper 任务输出的数据，作为自己的输入数据，调用自己的方法，最后输出到 HDFS 的文件中。MapReduce 的架构概述如图 4-3 所示。

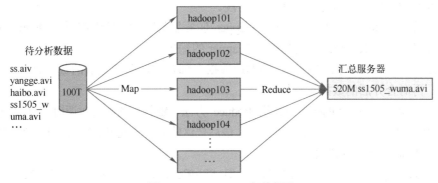

图 4-3　MapReduce 架构概述

（1）Mapper 任务的执行过程详解

每个 Mapper 任务是一个 Java 进程，它会读取 HDFS 中的文件，解析成很多键值对，经过覆盖的 Map 方法处理后，转换为很多键值对再输出。整个 Mapper 任务的处理过程又可以分为以下几个阶段。

第一阶段是将输入文件按照一定的标准分片，每个输入片（InputSplit）的大小是固定的。默认情况下，输入片的大小与数据块（Block）的大小相同。如果 Block 的大小是默认值 64MB，输入文件有两个，一个是 32MB，一个是 72MB。如果小的文件是一个输入片，大文件会分为两个数据块，也就是两个输入片，总共产生三个输入片，每个输入片由一个 Mapper 进程处理。这里的三个输入片，会有三个 Mapper 进程处理。

第二阶段是对输入片中的记录按照一定的规则解析成键值对。默认规则是将每一行文本内容解析成键值对，"键"是每一行的起始位置（单位是字节），"值"是本行的文本内容。

第三阶段是调用 Mapper 类中的 Map 方法。第二阶段中解析出来的每个键值对都会调用一次 Map 方法。如果有 1000 个键值对，就会调用 1000 次 Map 方法。每次调用 Map 方法会输出零个或者多个键值对。

第四阶段是按照一定的规则对第三阶段输出的键值对进行分区。分区是基于键进行的。比如键表示省、自治区或直辖市，如北京、上海、山东等，那么就可以按照不同省、自治区或直辖市进行分区，同一省、自治区或直辖市的键值对划分到一个区中。默认只有一个区。分区的数量就是 Reducer 任务运行的数量。默认只有一个 Reducer 任务。

第五阶段是对每个分区中的键值对进行排序。首先，按照键进行排序，对于键相同的键值对，按照值进行排序。比如三个键值对<2,2>、<1,3>、<2,1>，键和值分别是整数，那么排序后的结果是<1,3>、<2,1>、<2,2>。如果有第六阶段，那么进入第六阶段；如果没有，直接输出到本地的 Linux 文件中。

第六阶段是对数据进行归约处理，也就是 Reduce 处理。通常在 Comber（合并）过程中，键相等的键值对会调用一次 Reduce 方法，经过这一阶段，数据量会减少，归约后的数

59

据输出到本地的 Linux 文件中。本阶段默认不存在，需要用户自行添加这一阶段的代码。

（2）Reducer 任务的执行过程详解

每个 Reducer 任务是一个 Java 进程。Reducer 任务接收 Mapper 任务的输出，归约处理后写入 HDFS 中，可以分为如下几个阶段。

第一阶段是 Reducer 任务主动从 Mapper 任务复制其输出的键值对，Mapper 任务可能会有很多，因此 Reducer 会复制多个 Mapper 的输出。

第二阶段是将复制到 Reducer 的本地数据全部合并，即把分散的数据合并成一个大的数据，再对合并后的数据进行排序。

第三阶段是对排序后的键值对调用 Reduce 方法，键相等的键值对调用一次 Reduce 方法，每次调用会产生零个或者多个键值对，最后把这些输出的键值对写入到 HDFS 文件中。

（3）Hadoop 运行原理之 Shuffle

Hadoop 的核心思想是 MapReduce，但 Shuffle（数据切片）又是 MapReduce 的核心。Shuffle 的主要工作是从 Map 结束到 Reduce 开始之间的过程。

Shuffle 被称作 MapReduce 的心脏，是 MapReduce 的核心。

每个数据切片由一个 Mapper 进程处理，也就是说 Mappper 只是处理文件的一部分。

每一个 Mapper 进程都有一个环形的内存缓冲区，用来存储 Map 的输出数据，这个内存缓冲区的默认大小是 100MB，当数据达到阈值 0.8，也就是 80MB 的时候，后台的程序就会把数据溢写到磁盘中。将数据溢写到磁盘的过程要经过复杂的过程，首先要将数据进行分区排序（按照分区号如 0、1、2），分区后为避免 Map 输出数据的内存溢出，可以将 Map 的输出数据分为多个小文件再进行分区，这样 Map 的输出数据就会被分为具有多个小文件的分区已排过序的数据，然后将各个小文件分区数据合并成一个大的文件（将各个小文件中分区号相同的进行合并）。

这时，Reducer 启动了三个分别为 0、1、2 的分区。0 号 Reducer 会取得 0 号分区的数据；1 号 Reducer 会取得 1 号分区的数据；2 号 Reducer 会取得 2 号分区的数据。

Map 端的 Shuffle 过程如下。

1）在 Map 端首先接触的是 InputSplit，InputSplit 中包含 DataNode 中的数据，每个 InputSplit 都会分配一个 Mapper 任务，Mapper 任务结束后产生<K2,V2>的输出，这些输出先存放在缓存中。每个 Map 有一个环形内存缓冲区，用于存储任务的输出，默认大小为 100MB（io.sort.mb 属性），一旦达到阈值 0.8(io.sort.spil l.percent)，一个后台线程就会把内容写入到(spill)Linux 本地磁盘中指定目录(mapred.local.dir)下新建的一个溢出写文件。

2）写磁盘前，要进行 partition、sort 和 combine 等操作。通过分区，将不同类型的数据分开处理，之后对不同分区的数据进行排序，如果有 Combiner，还要对排序后的数据进行 combine。等最后记录写完，将全部溢出文件合并为一个分区且排序的文件。

3）最后将磁盘中的数据送到 Reduce 中，Map 输出有三个分区，一个分区的数据被送到 Reducer 任务中，而剩下的两个分区被送到其他 Reducer 任务中。Reducer 任务的其他输入则来自其他节点的 Map 输出。

Reduce 端的 Shuffle：主要包括 Copy、Sort(Merge)和 Reduce 三个阶段。

1）Copy 阶段：Reducer 通过 HTTP 方式得到输出文件的分区。Reduce 端可能从 n 个 Map 的结果中获取数据，而这些 Map 的执行速度不尽相同。当其中一个 Map 运行结束时，Reduce 就会从 JobTracker 中获取该信息；当 Map 运行结束后，TaskTracker 会得到消息，进而将消息汇报给 JobTracker，Reduce 定时从 JobTracker 获取该信息。Reduce 端默认有 5 个数据复制线程从 Map 端复制数据。

2）Merge 阶段：形成多个磁盘文件时会进行合并。从 Map 端复制来的数据首先写入到 Reduce 端的缓存中，当缓存占用到达一定阈值后会将数据写到磁盘中，同样会进行 partition、combine、排序等过程。如果形成了多个磁盘文件，Merge 阶段会进行合并，将最后一次合并的结果作为 Reduce 的输入而非写入到磁盘中。

3）Reduce 阶段：将合并后的结果作为输入传入 Reduce 任务中。在这个过程中产生了最终的输出结果，Reducer 将其写到 HDFS 上。

3. YARN 架构概述

YARN 通常由四部分组成，其架构概述如图 4-4 所示。

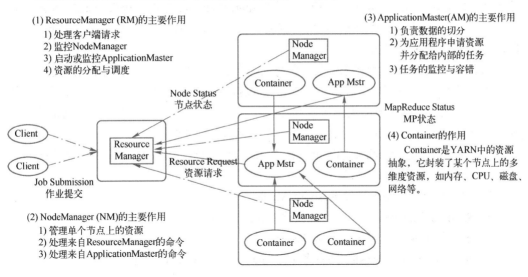

图 4-4　YARN 架构概述

Apache Hadoop YARN（Yet Another Resource Negotiator，另一种资源协调者）是一种新的 Hadoop 资源管理器，它是一个通用资源管理系统，可为上层应用提供统一的资源管理和调度，它的引入为集群在资源利用率、资源统一管理和数据共享等方面带来了巨大好处。

MapReduce 的第一个版本既有优点也有缺点。MapReduce v1 是目前使用的标准大数据处理系统。但这种架构存在不足，主要表现在大型集群上。当集群包含的节点超过 4000 个时（其中每个节点可能是多核的），就会表现出一定的不可预测性。其中最大的问题是级联故障，由于要尝试复制数据和重载活动的节点，一个故障会通过网络泛洪形式导致整个集群严重恶化。

但 MapReduce v1 最大的问题是多租户。随着集群规模的增加，一种可取的方式是为这些集群采用不同的模型。MapReduce v1 的节点专用于 Hadoop，可以改变其用途以适用其他应用程序和工作负载。当 Hadoop 成为云部署中一个更重要的使用模型时，这种能力也会增强，因为它允许在服务器上对 Hadoop 进行物理化，而无须虚拟化，且不会增加管理、计算和输入/输出开销。

YARN 大大减小了 JobTracker（也就是现在的 ResourceManager）的资源消耗，并且让监测每一个 Job 子任务（Tasks）状态的程序分布式化、更安全、更优美。

在新的 YARN 中，ApplicationMaster 是一个可变更的部分，用户可以对不同的编程模型编写自己的 AppMst，让更多类型的编程模型能够运行在 Hadoop 集群中，可以参考 Hadoop YARN 官方配置模板中的 mapred-site.xml 配置。

对于资源的表示以内存为单位（在目前版本的 YARN 中，没有考虑 CPU 的占用），比之前以剩余 slot 数目为单位更合理。

在老的框架中，JobTracker 一个很大的负担就是监控 Job 下 Tasks 的运行状况，如今，这部分已经交给 ApplicationMaster 来做。而 ResourceManager 中的 ApplicationsMasters 模块（注意，不是 ApplicationMaster）就用于监测 ApplicationMaster 的运行状况，如果出现问题，会将其在其他机器上重启。

Container 是 YARN 为将来做资源隔离而提出的一个框架。这一点应该借鉴了 Mesos 的工作，目前是一个框架，仅用于提供 Java 虚拟机内存的隔离。Hadoop 团队的设计思路在后续应该能支持更多的资源调度和控制，既然资源表示为内存量，那么就消除了之前的 map slot/reduce slot 分开所造成的集群资源闲置的尴尬情况。

YARN 的核心思想是将 JobTracker 和 TaskTracker 进行分离，它由下面几大组件构成，进而由这些组件协同完成资源管理。

1）一个全局的资源管理器 ResourceManager。

2）ResourceManager 的每个节点代理 NodeManager。

3）表示每个应用的 ApplicationMaster。

4）每个 ApplicationMaster 拥有多个 Container，在 NodeManager 上运行。

4.1.2　Hadoop 的运行模式

Hadoop 的运行模式包括本地模式、伪分布式模式以及完全分布式模式三种。本地模式不需启动单独进程，可以直接运行；伪分布式模式类似完全分布式模式，不同之处为只有一个节点；完全分布式模式需要多个节点同时运行。以下为三种模式的具体介绍。

1．本地模式

本地模式也称为单机模式，是 Hadoop 的默认模式。该模式不需要任何的集群配置，且不会启动 NameNode、DataNode、JobTracker、TaskTracker 等守护进程，可以直接运行。该模式使用本地文件系统，而非分布式文件系统，通常在测试和开发时使用，用于对 MapReduce 程序的逻辑进行测试，以确保程序的正确性和可运行性。本地模式下存在官方 grep 案例，感兴趣的读者可以访问 Hadoop 官网进行查看，以更好地理解本地运行模式，此处不进行赘述。

2. 伪分布式模式

以伪分布模式的方式运行在单节点上，即以一台主机模拟多台主机。该模式需要一定的分布式设置（修改 3 个配置文件：core-site.xml、hdfs-site.xml、mapred-site.xml），Hadoop 的 NameNode、DataNode、JobTracker、TaskTracker 等守护进程都在同一台机器上运行。该模式使用分布式文件系统，即 HDFS，由 JobTraker 来管理各个作业的进程。该模式在单机模式的基础上增加了代码调试功能，允许检查内存使用情况、HDFS 的输入输出以及其他的守护进程交互，类似于完全分布式模式。该模式在实际生产中不常使用，但可以用于测试 Hadoop 程序的正确执行，让人们更好地理解 Hadoop 的特性。

3. 完全分布式模式

有多个节点，Hadoop 的守护进程运行在由多台主机搭建的集群上。该模式需要在所有主机上安装 JDK 和 Hadoop；需要分布式设置（修改 3 个配置文件：core-site.xml、hdfs-site.xml、mapred-site.xml），指定 NameNode 和 JobTraker 的位置和端口，设置文件的副本等参数；在主机间设置 SSH 免密登录，把各从节点生成的公钥添加到主节点的信任列表。该模式使用 HDFS，同样由 JobTraker 来管理各个作业的进程。该模式是实际生产过程中最常用的环境。

4.1.3　HDFS 文件的存取

HDFS 是一个主从架构的分布式文件系统，由元数据节点 NameNode 和数据节点 DataNode 组成，NameNode 只有一个，而 DataNode 可以有多个。NameNode 是 HDFS 的主节点，用来管理文件元数据、处理来自客户端的文件访问请求；DataNode 是 HDFS 的从节点，用来管理对应节点的数据存储。

当客户端需要读文件时，首先向 NameNode 发起读请求，收到请求后的 NameNode 会将文件所在数据块在 DataNode 中的具体位置返回给客户端，客户端根据该位置找到相应的 DataNode 发起读请求。

当客户端需要写文件时，首先向 NameNode 发起写请求，NameNode 会将需要写入的文件名等信息记录到本地，同时验证客户端的写入权限，验证通过后，会向客户端返回文件数据块能够存放在 DataNode 上的存储位置信息，客户端直接在 DataNode 的相应位置写入数据块。

常用命令如下。

ls　文件名/目录名	//查看 HDFS 中的目录和文件
选项：-R	//递归列出子目录和文件
put　文件名目标路径	//将本地文件上传至 HDFS 指定路径
get　路径+文件名目标路径+文件名	//将 HDFS 中的文件下载到本地
rm　文件名/目录名	//删除 HDFS 中的文件或目录

选项: -r	//递归删除文件夹和子文件夹
mkdir 文件名/目录名	//创建文件或目录
选项: -p	//创建多级目录
mv 路径+文件名目标路径+文件名	//将 HDFS 中的文件移动到另一个文件夹
cat 文件名	//查看并输出文件的内容

4.1.4 Hadoop 集群的环境配置

Hadoop 主要依赖于 Java 环境,因此在搭建集群前需要安装好 JDK;为方便各节点间无须输入密钥而相互访问,在集群环境配置部分需要提前配置各节点间的 SSH 免密登录,具体操作如下。

1. 安装 JDK

(1) 上传并解压 JDK 安装包

1) 借助 FinalShell 等工具将 JDK 安装包导入 Linux 系统的/opt/softwares 目录下。

2) 在/opt/softwares 目录下查看是否导入成功,具体命令如下。

```
[hadoop@centos01 ~]$ cd /opt/softwares/
[hadoop@centos01 softwares]$ ll
```

3) 解压 JDK 安装包到/opt/modules 目录下,具体命令如下。

```
[hadoop@centos01 softwares]$ tar -zxf jdk-8u144-linux-x64.tar.gz -C /opt/modules
```

(2) 配置 JDK 环境变量

1) 执行如下命令打开/etc/profile 文件。

```
[hadoop@centos01 software]$ sudo vim /etc/profile
```

2) 在/profile 文件末尾添加 JDK 路径,具体内容如下。

```
export JAVA_HOME=/opt/module/jdk1.8.0_144
export PATH=$PATH:$JAVA_HOME/bin
```

3) 保存后退出,执行以下命令,令修改后的文件生效。

```
[hadoop@centos01 jdk1.8.0_144]$ source /etc/profile
```

(3) 测试 JDK 是否安装成功

执行命令测试 JDK,若出现类似以下内容,则说明 JDK 安装成功。

```
[hadoop@centos01 jdk1.8.0_144]$ java -version
openjdk version "1.8.0_262"
OpenJDK Runtime Environment (build 1.8.0_262-b10)
OpenJDK 64-Bit Server VM (build 25.262-b10, mixed mode)
```

注意: 若 java -version 命令不可用则需重启,具体命令如下。

```
[hadoop@centos01 jdk1.8.0_144]$ sync
[hadoop@centos01 jdk1.8.0_144]$ sudo reboot
```

2．配置 SSH 免密登录

（1）生成公钥和私钥

1）执行如下命令，按三次〈Enter〉键，会生成 id_rsa（私钥）、id_rsa.pub（公钥）两个文件。

```
[hadoop@centos01 ~]$ cd ~/.ssh/
[hadoop@centos01 .ssh]$ ssh-keygen -t rsa
```

2）查看公钥文件 id_rsa.pub 和私钥文件 id_rsa 是否生成成功，具体命令如下。

```
[hadoop@centos01 .ssh]$ ll
```

（2）将公钥复制到需要免密登录的目标机器上

注意：需要在 centos01 上使用 Root 账号，配置免密登录至 centos01、centos02、centos03。

1）使用 Root 用户在 centos01 节点上执行如下命令，生成密钥文件。

```
[root@centos01 .ssh]# ssh-keygen -t rsa
```

2）执行如下命令，将公钥复制并追加到所有节点的授权文件 authorized_keys 中。

```
[root@centos01 .ssh]# ssh-copy-id centos01
[root@centos01 .ssh]# ssh-copy-id centos02
[root@centos01 .ssh]# ssh-copy-id centos03
```

3）同理，在其余节点中重复步骤 1）和 2），配置所有节点间的免密登录。

4.1.5 Hadoop 集群的搭建

Hadoop 集群搭建的主要步骤包括上传并解压 Hadoop 安装包、配置 Hadoop 环境变量、更改集群相关配置文件，将配置好的文件发送至 centos02、centos03 节点，格式化 NameNode 后启动 Hadoop 集群。而在 Hadoop 集群搭建之前，需要对三个节点作出规划，集群节点规划表见表 4-1。可通过扩展视频 03 对照学习 Hadoop 集群的搭建。

扩展视频 03

表 4-1　集群节点规划表

	centos01	centos02	centos03
HDFS	NameNode DataNode	DataNode	SecondaryNameNode DataNode
YARN	NodeManager	ResourceManager NodeManager	NodeManager

（1）编写集群分发脚本 xsync

1）执行如下命令，在根目录下创建路径 bin/。

```
[hadoop@centos01 ~]$ mkdir bin
```

2）创建空的脚本文件 xsync，具体命令如下。

```
[hadoop@centos01 bin]$ touch xsync
```

3）编辑脚本文件，向脚本文件中添加如下配置。

```
[hadoop@centos01 bin]$ vim xsync
#1.获取输入参数个数，如果没有直接退出
pcount=$#
if((pcount==0)); then
echo no args;
exit;
fi
#2.获取文件名称
p1=$1
fname=`basename $p1`    #注意这里不是单引号
echo fname=$fname
#3.获取上级目录到绝对路径
pdir=`cd -P $(dirname $p1); pwd`
echo pdir=$pdir
#4.获取当前用户名
user=`whoami`
#5.循环
for((host=1;host<4; host++)); do
        echo --------------- centos$host ---------------
        rsync -rvl $pdir/$fname $user@centos0$host:$pdir
        #centos 后加 0，否则将无法识别
done
```

4）查看脚本文件 xsync 是否配置成功。

```
[hadoop@centos01 bin]$ chmod 777 xsync
```

注意：如果将 xsync 放到/home/hadoop/bin 目录下仍然不能实现全局使用，可以将其移动至/usr/local/bin 目录下。

（2）上传并解压 Hadoop 安装包

1）将 Hadoop 安装包 hadoop-2.8.2.tar.gz 上传至 centos01 节点的/opt/softwares 目录下。

2）进入 Hadoop 安装包所在路径，解压安装文件到/opt/modules 目录下，具体命令如下。

```
[hadoop@centos01 ~]$ cd /opt/softwares/
[hadoop@centos01 softwares]$ tar -zxf hadoop-2.8.2.tar.gz -C /opt/modules
```

3）在指定路径下，执行如下命令查看 Hadoop 安装包是否成功解压。

```
[hadoop@centos01 modules]$ ll
```

（3）配置 Hadoop 环境变量

1）执行如下命令打开/etc/profile 文件。

```
[hadoop@centos01 hadoop-2.8.2]$ sudo vim /etc/profile
```

2）在 profile 文件末尾添加 JDK 路径，具体内容如下（按〈Shift+G〉键）。

```
# HADOOP_HOME
export HADOOP_HOME=/opt/modules/hadoop-2.8.2
export PATH=$PATH:$HADOOP_HOME/bin:$HADOOP_HOME/sbin
```

3）保存后退出，执行以下命令，令修改后的文件生效。

```
[hadoop@centos01 hadoop-2.8.2]$ source /etc/profile
```

4）测试 Hadoop 是否安装成功，若出现类似以下信息，则说明 Hadoop 系统变量配置成功。

```
[hadoop@centos01 hadoop-2.8.2]$ hadoop version
Hadoop 2.8.2
Subversion https://git-wip-us.apache.org/repos/asf/hadoop.git -r 66c47f2a01a-
d9637879e95f80c41f798373828fb
Compiled by jdu on 2017-10-19T20: 39z
Compiled with protoc 2.5.0
From source with checksum dce55e5afe30c210816b39b631a53b1d
This command was run using /opt/modules/hadoop-2.8.2 /share/hadoop/common
/hadoop-common-2.8.2.jar
```

注意：若 hadoopversion 命令不可用则需重启，具体命令如下。

```
[hadoop@centos01 hadoop-2.8.2]$ sync
[hadoop@centos01 hadoop-2.8.2]$ sudo reboot
```

（4）更改集群相关配置文件

1）编辑核心配置文件 core-site.xml，添加以下配置。

```
[hadoop@centos01 bin]$ cd /opt/modules/hadoop-2.8.2/etc/hadoop
[hadoop@centos01 hadoop]$ vim core-site.xml
<!--指定 HDFS 中 NameNode 的地址-->
<property>
        <name>fs.defaultFS</name>
<value>hdfs://centos01:9000</value>
</property>
<!--指定 Hadoop 运行时产生文件的存储目录 -->
<property>
        <name>hadoop.tmp.dir</name>
        <value>/opt/modules/hadoop-2.8.2/data/tmp</value>
</property>
```

2）编辑 HDFS 配置文件 hadoop-env.sh 和 hdfs-site.xml，分别添加以下配置。

```
[hadoop@centos01 hadoop]$ vim hadoop-env.sh
<!-- JAVA  HOME -->
export JAVA_HOME=/opt/modules/jdk1.8.0_144
[hadoop@centos01 hadoop]$ vim hdfs-site.xml
<!--指定 Hadoop 辅助名称节点主机配置-->
<property>
<name>dfs.namenode.secondary.http-address</name>
<value>centos03:50090</value>
</property>
```

3）编辑 YARN 配置文件 yarn-env.sh 和 yarn-site.xml，分别添加以下配置。

```
[hadoop@centos01 hadoop]$ vim yarn-env.sh
<!-- JAVA  HOME -->
export JAVA_HOME=/opt/modules/jdk1.8.0_144
[hadoop@centos01 hadoop]$ vim yarn-site.xml
<!--指定 YARN 的 ResourceManager 的地址 -->
<property>
        <name>yarn.resourcemanager.hostname</name>
        <value>centos02</value>
</property>
```

4）编辑 MapReduce 配置文件 mapred-env.sh 和 mapred-site.xml，分别添加以下配置。

```
[hadoop@centos01 hadoop]$ vim mapred-env.sh
<!-- JAVA  HOME -->
export JAVA_HOME=/opt/modules/jdk1.8.0_144
[hadoop@centos01 hadoop]$ vim mapred-site.xml
<!--指定 MR 运行在 YARN 上 -->
<property>
        <name>mapreduce.framework.name</name>
        <value>yarn</value>
</property>
```

（5）分发配置好的 Hadoop 安装文件

1）执行如下命令，向集群上其他节点分发 bin/目录。

```
[hadoop@centos01 ~]$ xsync bin/
```

2）向集群上其他节点分发配置好的 Hadoop 配置文件，命令如下。

```
[hadoop@centos01 etc]$ xsync hadoop/
```

3）执行以下命令，查看 core-site.xml 文件中 NameNode 端口是否改变，判断是否分发成功。

```
[hadoop@centos02 hadoop-2.8.2]$ cat etc/hadoop/core-site.xml
[hadoop@centos03 hadoop-2.8.2]$ cat etc/hadoop/core-site.xml
```

4.1.6 启动 Hadoop 集群

（1）配置 slaves

1）执行如下命令，向 slaves 文件中添加以下内容。

```
[hadoop@centos01 hadoop]$ vim slaves
centos01
centos02
centos03
```

注意：该文件中添加的内容结尾不允许有空格，文件中不允许有空行。

2）向集群中其余节点分发该文件，同步所有节点的配置文件。

```
[hadoop@centos01 hadoop]$ xsync slaves
```

（2）启动 Hadoop 集群

1）若集群是首次启动，则需要格式化 NameNode，具体命令如下。

注意：若之前已启动部分进程，在格式化前，一定要停止之前启动的所有 NameNode 和 DataNode 进程，删除 Data 和 Log 文件数据。

```
[root@centos01 hadoop-2.8.2]# rm -rf data/ logs/
[root@centos01 hadoop-2.8.2]# bin/hdfs namenode -format
```

2）执行以下命令，启动 HDFS。

```
[hadoop@centos01 hadoop-2.8.2]$ sbin/start-dfs.sh
```

3）执行以下命令，启动 YARN。

注意：NameNode 和 ResourceManger 如果不存在于同一个节点，不能在 NameNode 所在节点上启动 YARN，应在 ResourceManager 所在节点上启动 YARN 服务。

```
[hadoop@centos02 hadoop-2.8.2]$ sbin/start-dfs.sh
```

4）分别在三个节点执行 jps 查看当前进程。观察结果，通过 jps 命令判断 NameNode、DataNode、NodeManager 和 ResourceManager 是否成功启动。如启动成功，系统中会显示三个进程的名称，反之则无。

```
[hadoop@centos01 hadoop-2.8.2]$jps
[hadoop@centos02 hadoop-2.8.2]$jps
[hadoop@centos03 hadoop-2.8.2]$jps
```

5）在 Web 端查看 SecondaryNameNode 的状态。

在浏览器中输入 http://centos03:50090/status.html，结果如图 4-5 所示。

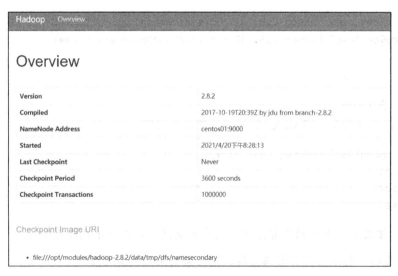

图 4-5   Web 方式查看 SecondaryNameNode 信息

4.2   ZooKeeper 技术基础及部署

本节介绍 ZooKeeper 的基本概念及其优势、Leader 选举的工作原理和意义，着重介绍在搭建好的三个节点上进行 ZooKeeper 集群的安装部署以及命令行操作。

4.2.1   ZooKeeper 简介

有两篇论文伴随着 ZooKeeper 的诞生：一篇是 Zab，介绍了 ZooKeeper 背后使用的一致性协议（ZooKeeper atomic broadcast protocol），而另一篇则介绍了 ZooKeeper 本身。这两篇论文中都提到：ZooKeeper 是一个分布式协调服务（a service for coordinating processes of distributed applications）。那分布式协调服务又是什么？

在一个并发的环境里，为了避免多个运行单元对共享数据同时进行修改、造成数据损坏的情况出现，就必须依赖像锁这样的协调机制，让部分线程可以先操作这些资源，然后其他线程等待。对于进程内的锁来讲，人们使用的各种语言平台都已经给人们提供了很多种选择。就拿 Java 来说，有最普通不过的同步方法或同步块，如下所示：

```
public synchronized void sharedMethod(){
//对共享数据进行操作
}
```

使用了这种方式后，多个线程对 sharedMethod 进行操作的时候，就会协调好步骤，不会对 sharedMethod 里的资源进行破坏，产生不一致的情况。这是最简单的协调方法，有的时候却可能需要更复杂的协调。比如，人们常常为了提高性能而使用读写锁。因为大部分时候人们对资源读取多而修改少，如果不管什么原因全部使用排他的写锁，那么它的性能有可能就会受到影响。还是用 Java 举例，代码如下。

```
public class SharedSource{
    private ReadWriteLock rwlock = new ReentrantReadWriteLock();
    private Lock rlock = rwlock.readLock();
    private Lock wlock = rwlock.writeLock();

    public void read(){
        rlock.lock();
        try{
//读取资源
        }finally{
            rlock.unlock();
        }
    }

    public void write(){
        wlock.lock();
        try{
//写资源
        }finally{
            wlock.unlock();
        }
    }
}
```

在进程内还有各种各样的协调机制（一般称之为同步机制）。现在已经了解了什么是协调，但是上面介绍的协调都是在进程内进行协调。在进程内进行协调可以使用语言、平台、操作系统等提供的机制。那如果在一个分布式环境中，该如何操作？程序运行在不同的机器上，这些机器可能位于同一个机架、同一个机房又或不同的数据中心。在这样的环境中，要实现协调该怎么办？这就是分布式协调服务要做的事情。

可能有人会讲，这个好像也不难。无非是将原来在同一个进程内的一些原语通过网络实现在分布式环境中。但在分布式系统中，所有同一个进程内的任何假设都不存在：因为网络是不可靠的。

比如，在同一个进程内，如果对一个方法的调用成功，那就是成功（当然，如果代码有 bug 那就另说了），如果调用失败，比如抛出异常，那就是调用失败。在同一个进程内，如果这个方法先调用先执行，那就是先执行。但是在分布式环境中呢？由于网络的不可靠性，对一个服务的调用失败了并不表示一定是失败的，可能是执行成功了，但是响应返回的时候失败了。又如，A 和 B 都去调用 C 服务，在时间上 A 先调用，B 后调用，那么最后的结果是不是一定 A 的请求就先于 B 到达？这些本来在同一个进程内的种种假设都需要重新思考，还要思考这些问题给人们的设计和编码带来了哪些影响。

除此之外，为了提升可靠性，人们往往会在分布式环境中部署多套服务，但是如何在多套服务中达到一致性，这在同一个进程内是很容易解决的问题，但在分布式环境中却是一个大难题。所以分布式协调远远比同一个进程里的协调复杂得多，所以类似 ZooKeeper 这类基础服务就应运而生。这些系统都在各个系统久经考验，它的可靠性、可用性都是经过理论和实践验证的。所以在构建一些分布式系统的时候，就可以以这类系统为起点来构建系统，这将节省不少成本，而且 bug 也将更少。

ZooKeeper 可以进行配置管理、名字服务、提供分布式同步以及集群管理。那这些服务到底又是什么？为什么需要这样的服务？为什么要使用 ZooKeeper 来实现？使用 ZooKeeper 有什么优势？接下来会介绍这些到底是什么，以及在哪些开源系统中已投入使用。

1. 配置管理

在应用中除了代码外，还有一些配置，比如数据库连接等。一般使用配置文件的方式，在代码中引入这些配置文件。当只有一种配置、只有一台服务器，并且不经常修改的时候，使用配置文件是一个很好的做法，但是如果配置非常多，有很多服务器都需要这个配置，而且还可能是动态的话，使用配置文件就不太合适。这个时候往往需要寻找一种集中管理配置的方法，若在这个集中的地方修改了配置，所有对这个配置感兴趣的服务都可以获得变更。比如，可以把配置放在数据库里，然后所有需要配置的服务都去这个数据库读取配置。但是，因为很多服务的正常运行都非常依赖这个配置，所以需要这个集中提供配置服务的服务具备很高的可靠性。

一般可以用一个集群来提供这个配置服务，使用集群可以提升可靠性，但是如何保证配置在集群中的一致性？这个时候就需要使用一种实现了一致性协议的服务。ZooKeeper 就是这种服务，它使用 ZAB 这种一致性协议来提供一致性。

现在有很多开源项目使用 ZooKeeper 来维护配置，比如在 HBase 中，客户端就是连接一个 ZooKeeper，获得必要的 HBase 集群的配置信息，然后才可以进一步操作。另外，在开源的消息队列 Kafka 中，也使用 ZooKeeper 来维护 Broker 的信息；在 Alibaba 开源的 SOA 框架 Dubbo 中，也广泛使用 ZooKeeper 来管理一些配置以实现服务治理。

2. 名字服务

名字服务很好理解。比如为了通过网络访问一个系统，人们得知道对方的 IP 地址，但是 IP 地址对人非常不友好，这个时候就需要使用域名来访问。但是计算机是不能识别域名的。如果每台机器里都备有一份域名到 IP 地址的映射，倒是能解决一部分问题，但是如果域名对应的 IP 发生变化了又该怎么办？于是便有了 DNS。只需访问一个大家熟知的站点，它就会告知这个域名对应的 IP。在应用中也会存在很多这类问题，特别是在服务特别多的时候，如果在本地保存服务的地址非常不方便，但如果只需要访问一个大家都熟知的站点，由其提供统一的入口，维护起来就方便多了。

3．分布式锁

前面已经介绍了 ZooKeeper 是一个分布式协调服务，这样就可以利用 ZooKeeper 来协调多个分布式进程之间的活动。比如在一个分布式环境中，为了提高可靠性，集群的每台服务器上都部署着同样的服务。但是，如果集群中每个服务器都要进行同一件事情，那么相互之间就要协调，编程起来将非常复杂。而如果只让一个服务进行操作，那又存在单点。通常还有一种做法就是使用分布式锁，在某个时刻只让一个服务进行操作，当这台服务出问题时锁释放，立即 fail over（故障切换）到另外的服务。这在很多分布式系统中都广泛使用，这种设计叫作 Leader Election（Leader 选举）。比如 HBase 的Master 就是采用这种机制。但要注意的是，分布式锁跟同一个进程的锁还是有区别的，所以使用的时候要比同一个进程里的锁更谨慎。

4．集群管理

在分布式的集群中，经常会由于各种原因，比如硬件故障、软件故障、网络问题，有些节点会进进出出。有新的节点加入进来，也有老的节点退出集群。这个时候，集群中其他机器需要感知到这种变化，并且根据这种变化做出对应的决策。比如一个分布式存储系统，有一个中央控制节点负责存储的分配，当有新的存储进来时，要根据集群目前的状态来分配存储节点。这个时候就需要动态感知集群目前的状态。又如，一个分布式的 SOA 架构中，服务是一个集群提供的，当消费者访问某个服务时，就需要采用某种机制发现目前有哪些节点可以提供该服务（这也称之为服务发现，比如 Alibaba 开源的 SOA 框架 Dubbo 就采用了 ZooKeeper 作为服务发现的底层机制）。除此之外，开源的 Kafka 队列也采用了 ZooKeeper 作为 Consumer 的上下线管理。

4.2.2　ZooKeeper 的安装部署

4.2.1 节介绍了 ZooKeeper 的相关概念，接下来介绍 ZooKeeper 的安装部署。本节内容也可参考扩展视频 04 学习。

扩展视频 04

（1）集群规划

在 centos01、centos02 和 centos03 三个节点上部署 ZooKeeper。

（2）上传安装文件并解压安装

在 centos01 中，上传安装文件 zookeeper-3.4.10.tar.gz 到目录/opt/softwares/中，并将其解压到/opt/modules/目录下，具体命令如下。

```
[hadoop@centos01 softwares]$ tar -zxvfzookeeper-3.4.10.tar.gz -C /opt/modules/
```

（3）创建配置文件

1）在/opt/modules/zookeeper-3.4.10/目录下创建名为 zkData 的目录，命令如下。

```
[hadoop@centos01 zookeeper-3.4.10]$ mkdir -p zkData
```

2）在/opt/modules/zookeeper-3.4.10/zkData 目录下创建一名为 myid 的文件，命令如下。

```
[hadoop@centos01 zkData]$ touch myid
```

注意：添加 myid 文件时，一定要在 Linux 系统中创建，在 notepad++里面很可能是乱码。

3）查看 myid 文件是否创建成功，命令如下。

```
[hadoop@centos01 zkData]$ ll
```

（4）配置 zoo.cfg 文件

1）将/opt/modules/zookeeper-3.4.10/conf 目录下的 zoo_sample.cfg 重命名为 zoo.cfg，命令如下。

```
[hadoop@centos01 conf]$ mv zoo_sample.cfg zoo.cfg
```

2）打开 zoo.cfg 文件，命令如下。

```
[hadoop@centos01 conf]$ vim zoo.cfg
```

3）修改数据存储路径配置，命令如下。

```
dataDir=/opt/modules/zookeeper-3.4.10/zkData
clientPort=2181
```

4）向 zoo.cfg 文件中增加如下配置。

```
server.1=centos01:2888:3888
server.2=centos02:2888:3888
server.3=centos03:2888:3888
```

5）将修改好的 ZooKeeper 配置文件复制到 centos02、centos03 节点上，命令如下。

```
[hadoop@centos01 modules]$ scp -r /opt/modules/zookeeper-3.4.10/hadoop@centos02:
/opt/modules/
[hadoop@centos01 modules]$ scp -r /opt/modules/zookeeper-3.4.10/hadoop@centos03:
/opt/modules/
```

（5）配置服务器编号

1）编辑 myid 文件，添加与 server 对应的编号 1，命令如下。

```
[hadoop@centos01 zkData]$ vim myid
```

2）分别在 centos02、centos03 节点上修改 myid 文件，文件内容依次为 2、3，命令如下。

```
[hadoop@centos02 zkData]$ vim myid
[hadoop@centos03 zkData]$ vim myid
```

（6）集群操作

1）分别在三个节点上执行以下命令，启动 ZooKeeper 集群。

```
[root@centos01 zookeeper-3.4.10]# bin/zkServer.sh start
[root@centos02 zookeeper-3.4.10]# bin/zkServer.sh start
[root@centos03 zookeeper-3.4.10]# bin/zkServer.sh start
```

2）分别在三个节点上执行以下命令，查看 ZooKeeper 服务的状态。

```
[root@centos01 zookeeper-3.4.10]# bin/zkServer.sh status
[root@centos02 zookeeper-3.4.10]# bin/zkServer.sh status
[root@centos03 zookeeper-3.4.10]# bin/zkServer.sh status
```

3）分别在三个节点上执行 jps，若出现 QuorumPeerMain 进程，说明 ZooKeeper 启动成功。

```
[root@centos01 zookeeper-3.4.10]# jps
[root@centos02 zookeeper-3.4.10]# jps
[root@centos03 zookeeper-3.4.10]# jps
```

4.2.3 Leader 选举机制

在 ZooKeeper 的启动过程中，Leader 选举是非常重要且最复杂的一个环节。那么什么是 Leader 选举？ZooKeeper 为什么要进行 Leader 选举？ZooKeeper 的 Leader 选举过程又是什么样子的？本节的目的就是解决这三个问题。

首先介绍什么是 Leader 选举。其实这个很好理解，在 ZooKeeper 集群中，每个节点都会投票，如果某个节点获得半数以上节点的投票，则该节点就是 Leader 节点。

ZooKeeper 集群选举的目的又是什么？有一个 ZooKeeper 集群，集群中有多个节点，每个节点都可以接收请求、处理请求。如果此时分别有两个客户端向两个节点发起请求，请求的内容是修改同一个数据。比如客户端 c_1，请求节点 n_1，请求是 set a = 1；而客户端 c_2，请求节点 n_2，请求内容是 set a = 2。那么，最后 a 是等于 1 还是等于 2？这在一个分布式环境里是很难确定的。解决这个问题有很多办法，而 ZooKeeper 的办法是先选一个 Leader 出来，所有的这类决策全都提交给 Leader，这样的话，之前的问题自然就没有了。

那怎么来选择这个 Leader？过程如下。

在 QuorumPeer 的 startLeaderElection 方法中包含 Leader 选举的逻辑。ZooKeeper 提供了 4 种选举方式，默认采用的是第 4 种方式：FastLeaderElection。

开始这个选举算法前，先假设这是一个全新的集群，新集群的选举和之前运行过一段时间的集群的选举略有不同，后面会提及；每个节点都会在 zoo.cfg 文件指定的监听端口启动监听（server.1=127.0.0.1:20881:20882），这里的 20882 就是这里用于选举的端口。

每个集群中的节点都有一个初始状态，属于以下四种中的一种：LOOKING、FOLLOWING、LEADING 和 OBSERVING。每个节点启动时都是 LOOKING 状态；若某节点参与选举但最后不是 Leader，则其状态是 FOLLOWING；若节点不参与选举，则其状态是 OBSERVING；Leader 节点的状态是 LEADING。

在 FastLeaderElection 中存在一个名为 Manager 的内部类，这个类中启动了 WorkerReceiver 和 WorkerSender 两个线程。这两个线程一个用来处理从别的节点接收到的消息，一个用来向外发送消息。对于外面的逻辑接收和发送的逻辑是异步的。

这里配置完成后，QuorumPeer 的 run 方法就开始执行，这里实现的是一个简单的状态机。因为现在是 LOOKING 状态，所以进入 LOOKING 的分支，调用选举算法开始选举，命令如下。

```
setCurrentVote(makeLEStrategy().lookForLeader());
```

而 lookForLeader 主要是用来干什么？首先，更新一个叫作逻辑时钟的程序，这也是在分布式算法中很重要的一个概念（在这里先不做介绍）；其次决定要将票投给谁。不过 ZooKeeper 的选举较为直白，每个节点都会选自己，进而向其他节点广播"选我"这个选举信息。这条信息实际上并没有发送出去，只是将选举信息放到由 WorkerSender 管理的一个队列中，代码如下。

```
synchronized(this){
//逻辑时钟
    logicalclock++;
//这里先用不关心 getInitLastLoggedZxid(), getPeerEpoch()是什么，后面会说明
    updateProposal(getInitId(), getInitLastLoggedZxid(), getPeerEpoch());
}
//getInitId() 即获取投给谁这个信息，id 是 myid 中指定的数字，因此该数字必须唯一
private long getInitId(){
        if(self.getQuorumVerifier().getVotingMembers().containsKey(self.getId()))
            return self.getId();
        else return Long.MIN_VALUE;
}
//发送选举信息，异步发送
sendNotifications();
```

接下来介绍怎么把投票信息投递出去。WorkerSender 从 sendqueue 中取出投票，并交给 QuorumCnxManager 发送。由于之前发送投票信息时是向集群所有节点发送，当然也包括自己这个节点，所以 QuorumCnxManager 的发送逻辑中会进行判断，如果要发送的投票信息是发送给自己的，则不进行发送，直接进入接收队列，代码如下。

```
public void toSend(Long sid, ByteBuffer b) {
        if (self.getId() == sid) {
            b.position(0);
            addToRecvQueue(new Message(b.duplicate(), sid));
        } else {
//发送给别的节点，判断之前是否发送过
```

```
        if (!queueSendMap.containsKey(sid)) {
    //SEND_CAPACITY 的大小是 1，所以如果之前已经有一个信息还在等待发送，则会把之前的信息
删除掉，发送新的信息
            ArrayBlockingQueue<ByteBuffer>  bq  =  new  ArrayBlockingQueue
<ByteBuffer>(SEND_CAPACITY);
            queueSendMap.put(sid, bq);
            addToSendQueue(bq, b);
        } else {
            ArrayBlockingQueue<ByteBuffer> bq = queueSendMap.get(sid);
            if(bq != null){
                addToSendQueue(bq, b);
        } else {
                LOG.error("No queue for server " + sid);
            }
        }
    //这里是真正的发送逻辑
            connectOne(sid);
    }
}
```

connectOne 实现真正的投票信息发送，在发送前它会先发送自己的 ID 和选举地址，进而判断要发送节点的 ID 是否比自己的 ID 大，如果大则不发送。如果要进行发送，则启动两个线程：SendWorker 和 RecvWorker。SendWorker 从 queueSendMap 中取出刚才放入的信息进行发送，并且将要发送出去的信息放入一个名为 lastMessageSent 的 map 中；如果 queueSendMap 是空的，则发送 lastMessageSent 中的信息，确保对方一定收到。

介绍完了 SendWorker 的逻辑，再来看看 RecvWorker 的逻辑。Listener 在选举端口上启动了监听，现在这里应该已经接收到数据了。在此处，如果接收到的信息中 ID 比自身的 ID 小，则断开连接，并尝试发送消息给这个 ID 对应的节点（如果已经有 SendWorker 在向这个节点发送数据，则不用发送）。如果接收到消息的 ID 比当前的 ID 大，RecvWorker 会接收数据，将接收到的数据放入 RecvQueue。

FastLeaderElection 的 WorkerReceiver 线程会不断地从这个 RecvQueue 中读取 Message 处理。WorkerReceiver 会处理一些协议上的工作，比如消息格式等；除此之外还会检查接收到的消息是否来自投票成员，如果来自投票成员，则会观察这个消息的状态，如果是 LOOKING 状态，并且当前的逻辑时钟比投票消息的逻辑时钟要高，则会发送通知，告知各成员谁是 Leader。在此处，由于是刚刚启动的新集群，逻辑时钟基本上都相同，所以还无法判断出谁是 Leader。不过，如果当前节点的状态是 LOOKING，接收逻辑会将接收到的消息放到 FastLeaderElection 的 RecvQueue 中，而 FastLeaderElection 会从 RecvQueue 中读取信息。

totalOrderPredicate 实现选举的主要逻辑，代码如下。

```
protected boolean totalOrderPredicate(long newId, long newZxid, long newEpoch,
```

```
                              long curId, long curZxid, long curEpoch) {
    return ((newEpoch > curEpoch) ||
    ((newEpoch == curEpoch) &&
                ((newZxid > curZxid) || ((newZxid == curZxid) && (newId > curId)))));
    }
```

1）判断消息中的 Epoch 是否比当前的大，如果大则消息中 ID 对应的 Server 就被认为是 Leader。

2）如果 Epoch 相等，则判断 Zxid。如果消息中的 Zxid 比当前的大，则承认其为 Leader。

3）如果以上两者都相等，那就比较 Server ID。如果消息中的 Server ID 大过当前的 Server ID，则承认其为 Leader。

关于前面两条，暂时不用去关注，因为对于新启动的集群这两者都是相等的。所以，Server ID 的大小也是 Leader 选举的一环。

最后，如果超过一半投票说它是 Leader，那它就是 Leader，代码如下。

```
private boolean termPredicate {
    HashMap<Long, Vote> votes,  Vote vote){
        HashSet<Long> set = new HashSet<Long>();
//遍历已经收到的投票集合，将等于当前投票的集合取出放到 set 中
        for (Map.Entry<Long,Vote> entry : votes.entrySet()) {
            if (self.getQuorumVerifier().getVotingMembers().containsKey(entry.
getKey())
    && vote.equals(entry.getValue())){
                    set.add(entry.getKey());
            }
    }
//统计 set，也就是投某个 ID 的票数是否超过一半
        return self.getQuorumVerifier().containsQuorum(set);
    }
    public boolean containsQuorum(Set<Long> ackSet) {
        return (ackSet.size() > half);
    }
}
```

最后一步，如果选的 Leader 是自己，则将自己的状态更新为 LEADING，否则根据 type，将状态更新为 FOLLOWING 或 OBSERVING。

到这里选举就结束了。这里介绍的是一个新集群启动时的选举过程。启动时就是根据 zoo.cfg 中的配置，向各节点广播投票，一般都是选择投给自己，在收到投票后则会进行判断。如果某节点收到的投票数超过一半，那么它就成为 Leader。

了解了这个过程后，接下来看另外一个问题：一个集群有 3 台机器，"挂"了一台后的影响是什么？"挂"了两台呢？

"挂"了一台后将收不到其中一台的投票，但其余两台仍可以参与投票。按照上面的

逻辑，它们开始都会投给自己，之后按照选举的原则，两个节点都投票给其中的一个，那么就有一个节点获得的票等于 2，3/2>1/2，超过了半数，故此时是能选出 Leader 的。

"挂"了两台后，怎么投也只能获得一张票，1/3<1/2，这样则无法选出 Leader。

在前面的介绍中，假设的是一个新的刚刚启动的集群，这样的集群与工作一段时间后的集群不同的就是 Epoch 和 Zxid 这两个参数。在刚启动的集群中，两者一般是相等的，而工作一段时间后，两者有可能存在有的节点落后于其他节点的情况。

总之，务必牢记 ZooKeeper 的选举所遵循的三个核心原则：ZooKeeper 集群中只有超过半数以上的服务器启动，集群才能正常工作；在集群正常工作之前，myid 小的服务器给 myid 大的服务器投票，直到集群正常工作，选出 Leader 节点；选出 Leader 之后，之前的服务器状态由 LOOKING 改变为 FOLLOWING，之后的服务器都是 Follower。

下面，通过一个实例进行论证。这里有三台服务器，分别为 centos01、centos02、centos03，这三台服务器上 ZooKeeper 的 myid 依次为 1、2、3，同时三台服务器上的 zoo.cfg 文件配置如下。

```
tickTime=2000
initLimit=5
syncLimit=2
dataDir=/opt/modules/zookeeper-3.4.10/dataDir
clientPort=2181
server.1=centos01:2888:3888
server.2=centos02:2888:3888
server.3=centos03:2888:3888
```

这里的 ID 需要和每台服务器的 myid 相同，hostName 是服务器的名称或 IP 地址；第一个端口（port1，这里为 2888）是 Leader 端口，即该服务器作为 Leader 时供 Follower 连接的端口；第二个端口（port2，这里为 3888）是选举端口，即选举 Leader 服务器时供其他 Follower 连接的端口。

接下来进行演示（注意看 SSH 命令切换到其他服务器进行的操作），如图 4-6 所示。

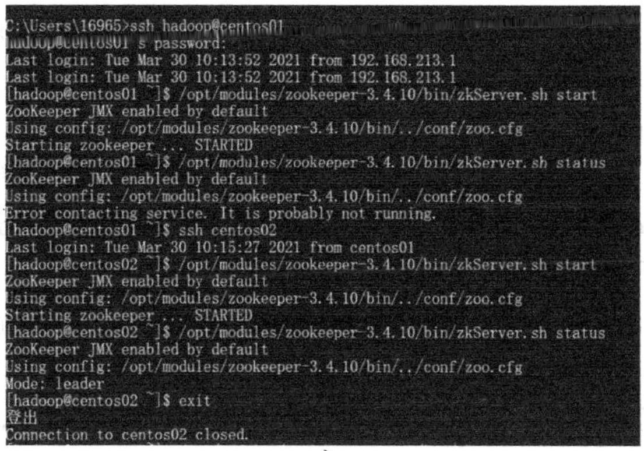

a)

图 4-6 演示代码

b) 　　　　　　　　　　　　　　　c)

图 4-6　演示代码（续）

接下来介绍其原理。

首先，启动 myid 为 1 的 centos01 上的 ZooKeeper，发起一次选举，centos01 先投自己一票，但是由于此时只有一台服务器启动，centos01 票数为 1，不够半数（这里为 2票），选举无法完成；centos01 的状态为 LOOKING，如果此时用 status 命令检查 centos01 上 ZooKeeper 的状态，会返回一条信息：Error contacting service. It is probably not running.。

其次启动 myid 为 2 的 centos02 上的 ZooKeeper，发起一次选举，centos01 和 centos02 都会先分别投自己一票，接着 centos01 发现 centos02 的 myid 比自己的大，于是更改自己的选票，改投给 centos02；此时 centos02 就有了两票，达到了集群的半数要求，centos02 此时直接变为 Leader，centos01 的状态也由 LOOKING 转换为了 FOLLOWING。

接着启动 myid 为 3 的 centos03 上的 ZooKeeper，即便 centos03 上的 myid 大于 centos02 上的 myid，但是由于 centos02 已经确定为 Leader，因此不会再次举行选举，centos03 直接变为 Follower。

接下来，停掉作为 Leader 的 centos02，由于 Leader 消失，ZooKeeper 集群会进行重新选举，存活的 centos01 和 centos03 分别投给自己一票，接着 centos01 发现 centos03 的 myid 比自己的大，于是更改自己的选票，改投给 centos03，此时 centos03 就有了两票，达到了集群的半数要求，centos03 因此变为 Leader，centos01 依旧为 Follower。

此时如果再停掉作为 Follower 的 centos01，则整个集群只剩下一台 centos03，由于此时集群只有一台服务器存活，达不到集群正常工作的半数要求，centos03 自动失去 Leader 地位变为 LOOKING 状态，此时用 status 命令检查 centos03 的 ZooKeeper 的状态，也会返回一条信息：Error contacting service. It is probably not running.。

那么如何指定 Leader 呢？在上面的例子中，无论怎么启动停止随便切换，myid 值为 1 的 centos01 都几乎不可能成为 Leader，因为它的 myid 最小。即便当前集群的 Leader 断掉，另外一个 Follower 也会成为 Leader，因为二次选举时它的 myid 值也比 centos01 的大，centos01 只得把票投给"对手"。若想要 centos01 成功"逆袭"当上 Leader，那就需要更改它们的 myid 值以及 zoo.cfg 配置文件的 server.id 值。

当前三台服务器和 myid 的对应关系如下。

服务器	myid
centos01	1
centos02	2
centos03	3

三台服务器的 zoo.cfg 文件配置如下。

```
tickTime=2000
initLimit=5
syncLimit=2
dataDir=/opt/modules/zookeeper-3.4.10/dataDir
clientPort=2181
server.1=centos01:2888:3888
server.2=centos02:2888:3888
server.3=centos03:2888:3888
```

接下来将三台服务器的 myid 进行对调。

服务器	myid
centos01	3
centos02	2
centos03	1

并修改三台服务器上的 zoo.cfg 配置文件。

```
tickTime=2000
initLimit=5
syncLimit=2
dataDir=/opt/modules/zookeeper-3.4.10/dataDir
clientPort=2181
server.3=centos01:2888:3888
server.2=centos02:2888:3888
server.1=centos03:2888:3888
```

结果可想而知：centos03 将几乎永远无法成为 Leader。

此时按顺序依次启动 centos01、centos02、centos03，再查看它们的状态，如图 4-7 所示。

可以看到，centos01 已经成功变成了 Leader。这就是 Leader 的选举机制。

```
[hadoop@centos01 zookeeper-3.4.10]$ bin/zkServer.sh status
ZooKeeper JMX enabled by default
Using config: /opt/modules/zookeeper-3.4.10/bin/../conf/zoo.cfg
Mode: leader
[hadoop@centos02 zookeeper-3.4.10]$ bin/zkServer.sh status
ZooKeeper JMX enabled by default
Using config: /opt/modules/zookeeper-3.4.10/bin/../conf/zoo.cfg
Mode: follower
[hadoop@centos03 zookeeper-3.4.10]$ bin/zkServer.sh status
ZooKeeper JMX enabled by default
Using config: /opt/modules/zookeeper-3.4.10/bin/../conf/zoo.cfg
Mode: follower
```

图 4-7　查看三台服务器的状态

4.2.4　ZooKeeper 客户端访问集群（命令行操作方式）

ZooKeeper 的命令行工具与 Linux Shell 类似，当 ZooKeeper 集群服务启动后，可以在任意一台机器上启动客户端，以下是命令行操作方式中的一些示例。

（1）启动客户端

```
[hadoop@centos02 zookeeper-3.4.10]$ bin/zkCli.sh
```

（2）查看所有命令及其用法

```
[zk: localhost:2181(CONNECTED) 0] help
```

（3）查看当前 znode 中所包含的内容

```
[zk: localhost: 2181(CONNECTED) 1] ls /
```

（4）查看当前节点详细数据

```
[zk: localhost: 2181(CONNECTED) 2] ls2 /
```

（5）创建两个普通节点

使用 create 命令，创建普通节点/sanguo 及子节点/shuguo，其值分别为 "jinlian" 和 "liubei"。

```
[zk: localhost: 2181(CONNECTED) 6] create /sanguo "jinlian"
[zk: localhost: 2181(CONNECTED) 7] create /sanguo/shuguo "liubei"
```

（6）获得节点的值

使用 get 命令，获取/sanguo 及其子节点/shuguo 的值。

```
[zk: localhost: 2181(CONNECTED) 8] get /sanguo
[zk: localhost: 2181(CONNECTED) 9] get /sanguo/shuguo
```

（7）创建短暂节点

使用 create -e 命令，创建短暂节点/wuguo（/sanguo 的子节点），其值为 "zhouyu"。

```
[zk: localhost: 2181(CONNECTED) 10] create -e /sanguo/wuguo "zhouyu"
```

1）在当前客户端查看短暂节点是否创建成功。

```
[zk: localhost: 2181(CONNECTED) 11] ls /sanguo
```

2）退出当前客户端然后再重启客户端。

```
[zk: localhost: 2181(CONNECTED) 12] quit
[hadoop@centos02 zookeeper-3.4.10]$ bin/zkCli.sh
```

3）再次查看根目录，发现短暂节点已被删除。

```
[zk: localhost: 2181(CONNECTED) 0] ls /sanguo
```

（8）创建带序号的节点
1）先创建一个普通的根节点/sanguo/weiguo。

```
[zk: localhost: 2181(CONNECTED) 1] create /sanguo/weiguo "caocao"
```

2）创建多个带序号的节点。

```
[zk: localhost: 2181(CONNECTED) 2] create -s /sanguo/weiguo/xiaoqiao "jinlian"
[zk: localhost: 2181(CONNECTED) 3] create -s /sanguo/weiguo/daqiao "jinlian"
[zk: localhost: 2181(CONNECTED) 4] create -s /sanguo/weiguo/diaocan "jinlian"
```

（9）修改节点数据值
使用 set 命令，将/weiguo 节点的值由"caocao"改为"simayi"。

```
[zk: localhost: 2181(CONNECTED) 5] set /sanguo/weiguo "simayi"
```

（10）监听节点值变化
1）在 centos03 节点上启动客户端。

```
[hadoop@centos03 zookeeper.3.4.10]$ bin/zkCli.sh
```

2）在 centos03 主机上注册监听/sanguo 节点数据变化。

```
[zk: localhost: 2181(CONNECTED) 0] get /sanguo watch
```

3）在 centos02 主机上修改/sanguo 节点的数据。

```
[zk: localhost: 2181(CONNECTED) 0] set /sanguo "xisi"
```

4）观察 centos03 主机收到数据变化的监听。

```
[zk: localhost: 2181(CONNECTED) 1]
WATCHER: :
WatchedEvent state:SyncConnected type:NodeDataChanged path:/sanguo
```

（11）监听子节点变化
1）在 centos03 主机上注册监听/sanguo 节点的子节点变化。

```
[zk: localhost: 2181(CONNECTED) 2] ls /sanguo watch
```

2）在 centos02 主机/sanguo 节点上创建子节点。

```
[zk: localhost: 2181(CONNECTED) 1] create /sanguo/jin "simayi"
```

3）观察 centos03 主机收到子节点变化的监听。

```
[zk: localhost: 2181(CONNECTED) 3]
WATCHER: :
WatchedEvent state:SyncConnected type:NodeChildrenChanged path:/sanguo
```

（12）删除节点

```
[zk: localhost: 2181(CONNECTED) 2] delete /sanguo/jin
```

（13）递归删除节点

```
[zk: localhost: 2181(CONNECTED) 4] rmr /sanguo/shuguo
```

（14）查看节点状态

```
[zk: localhost: 2181(CONNECTED) 7] stat /sanguo
```

4.3 HDFS 与 YARN 高可用技术基础

所谓 HA（High Available），即高可用（7×24 小时不中断服务）。实现高可用最关键的策略是消除单点故障。严格来说，HA 应分为各个组件的 HA 机制：HDFS 的 HA 和 YARN 的 HA。本节将对 HDFS HA 和 YARN HA 的工作原理和配置进行详细介绍。

4.3.1 HDFS 高可用的工作机制

Hadoop2.0 之前，在 HDFS 集群中 NameNode 存在单点故障（SPOF）。而 NameNode 主要从以下两方面影响 HDFS 集群。

1）NameNode 机器发生意外，如宕机，集群将无法使用，直至管理员重启。

2）NameNode 机器需要升级，包括软件、硬件升级，此时集群也将无法使用。

这就促成了 HA 功能的产生。HDFS 的 HA 功能通过配置 active/standby 两个 NameNodes，实现在集群中对 NameNode 的热备，从而解决上述问题。若出现故障，如机器崩溃或机器需要升级维护，这时可通过此种方式将 NameNode 很快切换到另外一台机器，消除单点故障。

使用命令 hdfs haadmin-failover 可以手动进行故障转移，在该模式下，即使现役 NameNode 已经失效，系统也不会自动从现役 NameNode 转移到待机 NameNode。下面学习如何配置部署 HA 自动进行故障转移。

自动故障转移为 HDFS 部署增加了两个新组件：ZooKeeper 和 ZKFailoverController（ZKFC）进程。ZooKeeper 是维护少量协调数据、通知客户端这些数据的改变和监视客户端故障的高可用服务。HA 的自动故障转移依赖于 ZooKeeper 的以下功能。

1）故障检测：集群中的每个 NameNode 在 ZooKeeper 中维护一个持久会话，如果机器崩溃，ZooKeeper 中的会话将终止，ZooKeeper 通知另一个 NameNode 需要触发故障转移。

2）现役 NameNode 选择：ZooKeeper 提供了一个简单的机制，用于选择唯一一个节点为 active 状态。如果目前现役 NameNode 崩溃，另一个节点可能从 ZooKeeper 获得特殊的排外锁以表明它应该成为现役 NameNode。

ZKFC 是自动故障转移中的另一个新组件，是 ZooKeeper 的客户端，也用来监视和管理 NameNode 的状态。每个运行 NameNode 的主机也运行了一个 ZKFC 进程，ZKFC 的功能如下。

1）健康监测：ZKFC 使用一个健康检查命令定期地 ping 与之在相同主机的 NameNode，只要该 NameNode 及时地恢复健康状态，ZKFC 就认为该节点是健康的。如果该节点崩溃、冻结或进入不健康状态，健康监测器则标识该节点为非健康状态。

2）ZooKeeper 会话管理：当本地 NameNode 是健康的，ZKFC 会保持一个在 ZooKeeper 中打开的会话。如果本地 NameNode 处于 active 状态，ZKFC 会保持一个特殊的 Znode 锁，如果会话终止，锁节点将自动删除。

3）基于 ZooKeeper 的选择：如果本地 NameNode 是健康的，且 ZKFC 发现没有其他的节点当前持有 Znode 锁，它将为自己获取该锁。如果成功，则它已经赢得了选择，并负责运行故障转移进程以使它本地的 NameNode 处于 active 状态。故障转移进程与前面描述的手动故障转移相似，首先保护之前的现役 NameNode。其次，本地 NameNode 将转换为 active 状态。

4.3.2　HDFS 高可用配置

Apache Hadoop 官方网址为 http://hadoop.apache.org/。配置 HDFS 高可用首先需要对集群进行规划，集群规划表见表 4-2。

表 4-2　集群规划表

centos01	centos02	centos03
NameNode	NameNode	
JournalNode	JournalNode	JournalNode
DataNode	DataNode	DataNode
ZK	ZK	ZK
	ResourceManager	
NodeManager	NodeManager	NodeManager

1. 配置集群

（1）创建 ha 文件夹

1）执行如下命令，在 centos01 节点的/opt 目录下创建 ha 文件夹。

```
[hadoop@centos01 opt]$ su root
```

```
[root@centos01 opt]# mkdir ha
```

2）同理，在 centos02 和 centos03 节点的/opt 目录下创建 ha 文件夹。

```
[root@centos02 opt]# mkdir ha
[root@centos03 opt]# mkdir ha
```

3）修改 ha 文件夹的所有者为 hadoop。

```
[hadoop@centos01 opt]# chown -R hadoop:hadoop ha
```

（2）复制 hadoop-2.8.2 目录

1）在 centos01 节点上将/opt/modules/下的 hadoop-2.8.2 复制到/opt/ha 目录下。

```
[root@centos01 modules]# cp -r hadoop-2.8.2/ /opt/ha/
```

2）同理，在 centos02 和 centos03 上将/opt/modules/下的 hadoop-2.8.2 复制到/opt/ha 目录下。

```
[root@centos02 modules]# cp -r hadoop-2.8.2/ /opt/ha/
[root@centos03 modules]# cp -r hadoop-2.8.2/ /opt/ha/
```

（3）更改集群相关配置文件

1）向 hadoop-env.sh 配置文件中添加以下内容。

```
[root@centos01 hadoop]# vim hadoop-env.sh
export JAVA_HOME=/opt/modules/jdk1.8.0_144
```

2）向 core-site.xml 配置文件中添加以下内容。

```
[root@centos01 hadoop]# vim core-site.xml
```

添加如下配置。

```
<configuration>
<!--把两个 NameNode 的地址组装成一个集群 mycluster -->
    <property>
        <name>fs.defaultFS</name>
  <value>hdfs://mycluster</value>
    </property>
    <!--指定 hadoop 运行时产生文件的存储目录-->
    <property>
        <name>hadoop.tmp.dir</name>
        <value>/opt/ha/hadoop-2.8.2/tmp</value>
    </property>
    <!-- HA 所使用的 ZooKeeper 的地址-->
    <property>
        <name>ha.zookeeper.quorum</name>
        <value>centos01:2181,centos02:2181,centos03:2181</value>
```

```
        </property>
</configuration>
```

3）向 hdfs-site.xml 配置文件中添加以下内容。

```
[root@centos01 hadoop]# vim hdfs-site.xml
```

添加如下配置。

```
<configuration>
    <!--完全分布式集群名称-->
    <property>
        <name>dfs.nameservices</name>
        <value>mycluster</value>
    </property>
    <!--配置两个 NameNode 的标识符-->
    <property>
        <name>dfs.ha.namenodes.mycluster</name>
        <value>nn1,nn2</value>
    </property>
    <!-- nn1 的 RPC 通信地址-->
    <property>
        <name>dfs.namenode.rpc-address.mycluster.nn1</name>
        <value>centos01:8020</value>
    </property>
    <!-- nn2 的 RPC 通信地址-->
    <property>
        <name>dfs.namenode.rpc-address.mycluster.nn2</name>
        <value>centos02:8020</value>
    </property>
    <!-- nn1 的 HTTP 通信地址-->
    <property>
        <name>dfs.namenode.http-address.mycluster.nn1</name>
        <value>centos01:50070</value>
    </property>
    <!-- nn2 的 HTTP 通信地址-->
    <property>
        <name>dfs.namenode.http-address.mycluster.nn2</name>
        <value>centos02:50070</value>
    </property>
    <!--指定 NameNode 元数据在 JournalNode 上的存放位置-->
    <property>
        <name>dfs.namenode.shared.edits.dir</name>
<value>qjournal://centos01:8485;centos02:8485;centos03:8485/mycluster</value>
    </property>
    <!--配置隔离机制，即同一时刻只能有一台服务器对外响应-->
```

```
    <property>
        <name>dfs.ha.fencing.methods</name>
        <value>sshfence</value>
    </property>
    <!--使用隔离机制时需要SSH无密钥登录-->
    <property>
        <name>dfs.ha.fencing.ssh.private-key-files</name>
        <value>/home/hadoop/.ssh/id_rsa</value><!-- hadoop 为当前用户名-->
    </property>
    <!--声明JournalNode服务器存储目录-->
    <property>
        <name>dfs.journalnode.edits.dir</name>
        <value>/opt/ha/hadoop-2.8.2/data/jn</value>
    </property>
    <!--关闭权限检查-->
    <property>
        <name>dfs.permissions.enable</name>
        <value>false</value>
    </property>
    <!--访问代理类: client、mycluster、active 配置失败自动切换实现方式-->
    <property>
        <name>dfs.client.failover.proxy.provider.mycluster</name>
        <value>org.apache.hadoop.hdfs.server.namenode.ha.ConfiguredFailoverProxyProv
ider</value>
    <!--配置自动故障转移-->
    <property>
        <name>dfs.ha.automatic-failover.enabled</name>
        <value>true</value>
    </property>
</configuration>
```

（4）分发配置好的 Hadoop 配置文件

在 centos01 节点上执行以下命令，向集群上其他节点分发配置好的 Hadoop 配置文件。

```
[root@centos01 hadoop]# scp -r hdfs-site.xml hadoop@centos02:/opt/ha/hadoop-
2.8.2/etc/hadoop/
[root@centos01 hadoop]# scp -r core-site.xml hadoop@centos02:/opt/ha/hadoop-
2.8.2/etc/hadoop/
```

2. 启动集群并测试手动故障转移

（1）启动 journalnode 进程

执行以下命令，启动 journalnode 进程。

```
[root@centos01 hadoop-2.8.2]# sbin/hadoop-daemon.sh start journalnode
```

（2）格式化并启动[nn1]

1）在 centos01 节点上执行如下命令，删除之前生成的 data 和 logs 文件，并格式化 NameNode。

```
[root@centos01 hadoop-2.8.2]# rm -rf data/ logs/
[root@centos01 hadoop-2.8.2]# bin/hdfs namenode -format
```

出现 common.Storage:Storage directory... has been successfully formatted.提示，则说明格式化成功。

2）执行以下命令，启动 NameNode1，启动后会生成 images 元数据。

```
[root@centos01 hadoop-2.8.2]# sbin/hadoop-daemon.sh start namenode
```

（3）同步[nn1]的元数据信息

在 centos02 节点上执行如下命令，复制 centos01 上的 NameNode 元数据。

```
[root@centos02 hadoop-2.8.2]# bin/hdfs namenode -bootstrapStandby
```

（4）启动[nn2]

在 centos02 节点的 Hadoop 安装目录下，执行如下命令，启动 NameNode2。

```
[root@centos02 hadoop-2.8.2]# sbin/hadoop-daemon.sh start namenode
```

（5）查看 Web 页面显示

浏览器中分别输入 http://centos01:50070/ 和 http://centos02:50070/ ，查看两个 NameNode 的状态，结果如图 4-8、图 4-9 所示。

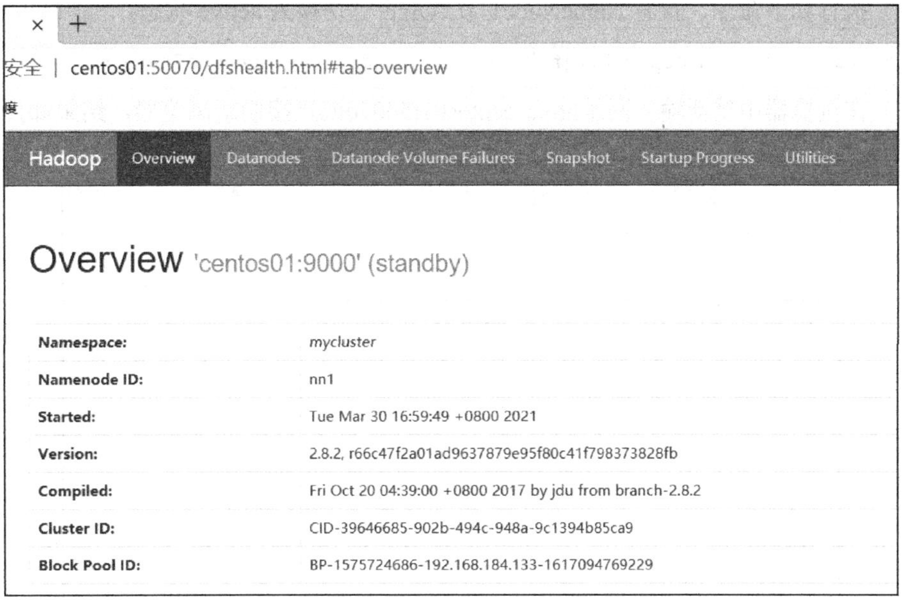

图 4-8　主节点信息

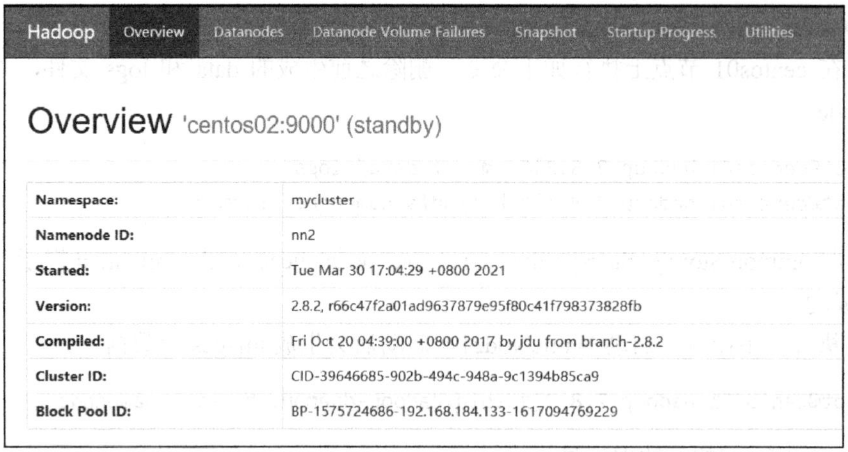

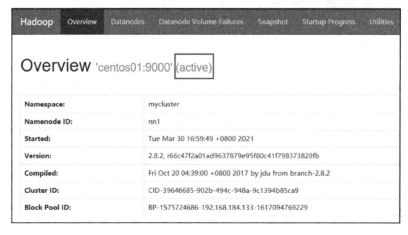

図4-9 从节点信息

（6）启动[nn1]上所有 DataNode

进入 centos01 节点的 Hadoop 安装目录，执行如下命令，启动 DataNode。

```
[root@centos01 hadoop-2.8.2]# sbin/hadoop-daemons.sh start datanode
```

（7）将[nn1]手动切换为 active 状态

在 centos01 节点的 Hadoop 安装目录下，执行如下命令，将 NameNode1 的状态置为 active。

```
[root@centos01 hadoop-2.8.2]# bin/hdfs haadmin -transitionToActive nn1
```

（8）查看目前[nn1]状态

1）执行如下命令，查看 NameNode1 节点是否已切换为 active 状态。

```
[root@centos01 hadoop-2.8.2]# bin/hdfs haadmin -getServiceState nn1
```

2）在浏览器中重新输入网址http://centos01:50070或直接刷新浏览器，结果如图 4-10 所示。

图4-10 主节点状态变化

至此，两个 NameNode 均已启动成功，其中一个为 active 状态，一个为 standby 状态。

3. 启动集群并测试自动故障转移

（1）启动集群

1）执行如下命令，关闭所有 HDFS 服务。

```
[root@centos01 hadoop-2.8.2]# sbin/stop-dfs.sh
```

2）分别在三个节点上执行如下命令，启动 ZooKeeper 集群。

注意：启动 ZooKeeper 要切换到 ZooKeeper 安装目录。

```
[root@centos01 ~]# cd /opt/modules/zookeeper-3.4.10
[root@centos01 zookeeper-3.4.10]# bin/zkServer.sh start
[root@centos02 zookeeper-3.4.10]# bin/zkServer.sh start
[root@centos03 zookeeper-3.4.10]# bin/zkServer.sh start
```

3）初始化 HA 在 ZooKeeper 中的状态，即创建一个 Znode 节点存储自动故障转移系统的数据。

```
[root@centos01 hadoop-2.8.2]# bin/hdfs zkfc -formatZK
```

4）执行如下命令，启动 HDFS 服务并查看各节点当前进程。

```
[root@centos01 hadoop-2.8.2]# sbin/start-dfs.sh
[root@centos01 hadoop-2.8.2]# jps
[root@centos02 hadoop-2.8.2]# jps
[root@centos03 hadoop-2.8.2]# jps
```

5）在各个 NameNode 节点上启动 ZKFailoverController 进程。

注意：ZKFC 守护进程先在哪台机器启动，哪台机器的 NameNode 就是 active NameNode。

```
[root@centos01 hadoop-2.8.2]# sbin/hadoop-daemon.sh start zkfc
```

6）在浏览器中输入http://centos01:50070/和http://centos02:50070/，结果如图 4-11、图 4-12 所示。

结果说明，nn1 先启动 ZKFC，此时 centos01 是 active NameNode。

（2）测试自动故障转移

1）将 active NameNode 所在节点（此处为 centos01）的 NameNode 进程杀死。

```
[root@centos01 hadoop-2.8.2]# kill -9 115175（改为自己 active 节点的 NameNode 进程号）
```

图 4-11　centos01 节点状态

图 4-12　centos02 节点状态

2）执行如下命令，断开 centos01 节点的网络。

```
[root@centos01 ~]$ service network stop
[root@centos01 ~]# service network status
```

3）在浏览器中输入网址http://centos02:50070/，若 NameNode2状态变为 active，则说明自动故障转移配置成功，结果如图 4-13 所示。

图 4-13　centos02 变为 active 状态

4.3.3　YARN 高可用的工作机制

YARN HA 的工作机制如图 4-14 所示。

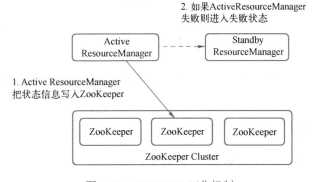

图 4-14　YARN HA 工作机制

YARN 也是典型的主/从（Master/Slave）架构，Master 为 ResourceManager（RM），Slave 为 NodeManager（NM）。RM 是资源管理器，负责接收用户提交的任务，决定为任务分配多少资源、调度到哪个 NM 去执行；NM 是执行任务的节点，周期性地向 RM 汇报自己的资源使用状况并领取 RM 分配的任务，负责启动和停止任务相关进程等工作。

YARN HA 工作机制具体介绍如下。

1）用户使用客户端向 RM 提交一个任务，同时指定提交到哪个队列和需要多少资源等信息。用户可以通过每个计算引擎的对应参数设置这些信息。

2）当 RM 收到任务提交的请求后，先根据资源和队列是否满足要求选择一个 NM，通知它启动一个特殊的 container，称为 ApplicationMaster(AM)，后续流程由它发起。

3）AM 向 RM 注册后根据自己任务的需要，向 RM 申请 container，包括数量、所需资源量、所在位置等因素。如果队列有足够多的资源，RM 会将 container 分配给有足够剩余资源的 NM，由 AM 通知 NM 启动 container。

4）container 启动后执行具体的任务，处理分给自己的数据。NM 除了负责启动 container，还负责监控它的资源使用状况以及是否失败退出等工作，如果 container 实际使用的内存超过申请时指定的内存，会将其注销，保证其他 container 能正常运行。

5）各个 container 向 AM 汇报自己的进度，所有 container 都完成后，AM 向 RM 注销任务并退出，RM 通知 NM 注销对应的 container，任务结束。

4.3.4 YARN 高可用配置

配置 YARN 高可用首先需要对集群进行规划，集群规划表见表 4-3。

表 4-3 YARN 高可用集群规划表

centos01	centos02	centos03
NameNode	NameNode	
JournalNode	JournalNode	JournalNode
DataNode	DataNode	DataNode
ZK	ZK	ZK
ResourceManager	ResourceManager	
NodeManager	NodeManager	NodeManager

（1）配置 yarn-site.xml

进入 centos01 节点 Hadoop 安装目录下的 etc/hadoop，编辑 yarn-site.xml，添加如下配置。

```
[hadoop@centos01 hadoop]$ vim yarn-site.xml
<configuration>
<!--指定可以在 YARN 上运行 MapReduce 程序-->
  <property>
<name>yarn.nodemanager.aux-services</name>
<value>mapreduce_shuffle</value>
  </property>
  <!--启用 resourcemanager ha-->
<property>
<name>yarn.resourcemanager.ha.enabled</name>
<value>true</value>
  </property>
  <!--标志 resourcemanager-->
<property>
<name>yarn.resourcemanager.cluster-id</name>
<value>cluster-yarn1</value>
  </property>
  <!--集群中 ResourceManager 的 ID 列表-->
<property>
```

```
<name>yarn.resourcemanager.ha.rm-ids</name>
<value>rm1,rm2</value>
  </property>
  <!--ResourceManager1 所在的节点主机名-->
<property>
<name>yarn.resourcemanager.hostname.rm1</name>
<value>centos01</value>
  </property>
  <!--ResourceManager2 所在的节点主机名-->
<property>
  <name>yarn.resourcemanager.hostname.rm2</name>
<value>centos02</value>
  </property>
<!--指定 ZooKeeper 集群的地址-->
<property>
<name>yarn.resourcemanager.zk-address</name>
<value>centos01:2181,centos02:2181,centos03:2181</value>
  </property>
<!--启用自动恢复-->
<property>
<name>yarn.resourcemanager.recovery.enabled</name>
<value>true</value>
  </property>
<!--指定 resourcemanager 的状态信息存储在 ZooKeeper 集群-->
<property>
<name>yarn.resourcemanager.store.class</name>
<value>org.apache.hadoop.yarn.server.resourcemanager.recovery.ZKRMStateStore<
/value>
  </property>
</configuration>
```

（2）同步更新其他节点的配置信息

执行如下命令或集群分发脚本，将配置好的 yarn-site.xml 文件分发至集群其他节点。

```
[hadoop@centos01 hadoop]$ scp -r yarn-site.xml hadoop@centos02:/opt/ha/hadoop-
2.8.2/etc/hadoop
[hadoop@centos01 hadoop]$ scp -r yarn-site.xml hadoop@centos03:/opt/ha/hadoop-
2.8.2/etc/hadoop
```

（3）启动 HDFS

1）分别在三个 JournalNode 节点上启动 journalnode 服务。

```
[root@centos01 hadoop-2.8.2]$ sbin/hadoop-daemon.sh start journalnode
```

2）格式化并启动[nn1]。

注意：格式化前先删除 data 和 logs。

```
[root@centos01 hadoop-2.8.2]# rm -rf data/ logs/
[root@centos01 hadoop-2.8.2]# bin/hdfs namenode -format
```

出现 common.Storage:Storage directory ... has been successfully formatted.说明格式化成功。

```
[root@centos01 hadoop-2.8.2]# sbin/hadoop-daemon.sh start namenode
```

3）同步[nn1]的元数据信息至[nn2]。

```
[root@centos02 hadoop-2.8.2]# bin/hdfs namenode -bootstrapStandby
```

4）启动[nn2]。

```
[root@centos02 hadoop-2.8.2]# sbin/hadoop-daemon.sh start namenode
```

5）启动所有 DataNode。

```
[root@centos01 hadoop-2.8.2]# sbin/hadoop-daemons.sh start datanode
```

6）手动将[nn1]切换为 active 状态。

```
[root@centos01 hadoop-2.8.2]# bin/hdfs haadmin -transitionToActive nn1
```

（4）启动 YARN 集群
1）在 centos01 节点上执行如下命令启动 YARN。

```
[root@centos01 hadoop-2.8.2]# sbin/start-yarn.sh
```

2）利用 util.sh 脚本查看三个节点的所有进程。

```
[root@centos01 hadoop-2.8.2]# util.sh
```

3）在浏览器中输入网址 http://centos01:8088，查看 YARN 的启动状态，如图 4-15 所示。

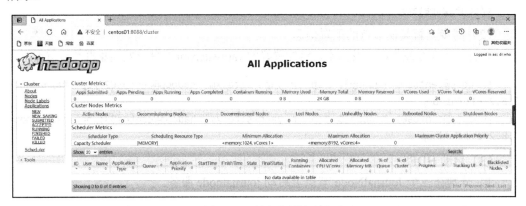

图 4-15　所有应用情况

（5）测试自动故障转移
1）在 HDFS 中创建文件夹/input，上传文件 README.txt 至 input 文件夹下。

```
[root@centos01 hadoop-2.8.2]# hadoop fs -mkdir /input
[root@centos01 hadoop-2.8.2]# hadoop fs -put README.txt /input
```

2）在浏览器中输入网址http://centos01:50070/，在 HDFS 中查看文件是否上传成功。

3）运行 Hadoop 自带 WordCount 单词计数程序。

```
[root@centos01 hadoop-2.8.2]# bin/hadoop jar /opt/modules/hadoop-2.8.2/share/
hadoop/mapreduce/hadoop-mapreduce-examples-2.8.2.jar wordcount /input /output
```

4）程序执行到 map 任务时，在 FinalShell 打开一个新的 centos01 窗口，注销掉 centos01 的 ResourceManager 进程（需要提前执行 jps 查看 ResourceManager 的进程号）。

5）此时再在浏览器中查看 YARN 的状态，发现 http://centos01:8088 已无法访问，如图 4-16 所示，但 http://centos02:8088 可以访问，并且可以看到 MapReduce 任务，如图 4-17 所示。

图 4-16　centos01 查看 YARN

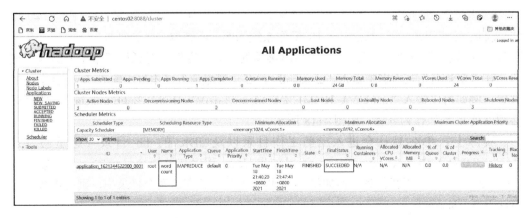

图 4-17　centos02 查看 YARN

97

6）执行如下命令，查看 MapReduce 程序的结果。

```
[root@centos01 hadoop-2.8.2]# hadoop fs -cat /output/*
```

结果显示，MapReduce 仍然成功执行，说明 YARN HA 搭建成功，且可以进行故障转移。

4.4 实践：HDFS 及 MapReduce 的应用示例

本节的主要介绍对 HDFS 进行读写操作，并通过几个案例详细介绍 MapReduce 程序的部署及其在集群上的运行情况。

使用 HDFS 程序可以实现远程对 HDFS 中的目录、文件等进行创建、读取、删除等操作，首先需要学会新建 Hadoop 项目（Map/Reduce Project），部署 Eclipse Hadoop 插件，编写 HDFS 程序，打包成 JAR 文件，最后将 JAR 文件提交至集群运行。

Hadoop 提供了便于操作的 Java API 接口开发 MapReduce 程序。本节借助二次排序、计数器和 Join 操作三个案例对 MapReduce 程序的部署、打包及提交进行详细介绍，具体示例如下。

4.4.1 读写 HDFS 文件

本节内容可通过扩展视频 05 对照学习。

1. Java Classpath

Classpath 设置的目的在于告诉 Java 执行环境，在哪些目录下可以找到用户要执行的 Java 程序所需要的类或者包。

扩展视频 05

Java 执行环境本身就是一个平台，在其之上运行的程序是已编译完成的 Java 程序。Java 程序编译完成后以.class 文件存在。如果将 Java 执行环境比作操作系统，那么设置 Path 变量则是为了让操作系统找到指定的工具程序（对 Windows 来说就是找到.exe 文件），设置 Classpath 的目的就是让 Java 执行环境找到指定的 Java 程序（也就是.class 文件）。

事实上，有多种方法可以设置 Classpath。较简单的方法是在系统变量中新增 Classpath 环境变量。以 Windows 10 操作系统为例，右键单击"计算机"→"属性"→"高级系统设置"→"环境变量"，在弹出菜单的"系统变量"对话框下单击"新建"按钮，在"变量名"文本框中输入"classpath"，在"变量值"文本框中输入 Java 类文件的位置。例如可以输入".;%JAVA_HOME%\lib\dt.jar;%JAVA_HOME%\lib\toos.jar"，路径间必须以英文";"作为分隔，如图 4-18 所示。

实际上，JDK 默认会进入当前工作目录以及 JDK 的 lib 目录（这里假设是 D:\jdk1.8.0\lib）中寻找 Java 程序，所以如果 Java 程序在这两个目录中，则无须设置 Classpath 变量也可以找得到，而如果 Java 程序并非放置在这两个目录中，则可以按上述方法设置 Classpath。

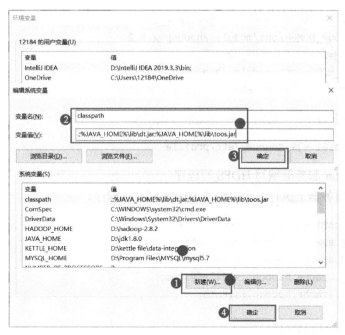

图 4-18　Windows 10 配置 Classpath

如果所使用的 JDK 工具程序具有 Classpath 命令选项，则可以在执行工具程序时一并指定 Classpath，如 javac .classpath classpath1;classpath2…，其中 classpath1、classpath 2 代表实际要指定的路径；也可以在命令符模式下执行以下的命令，直接设置环境变量，包括 Classpath 变量（此设置在重新打开命令符模式时不再有效）。

```
set CLASSPATH=%CLASSPATH%;classpath1;classpath2…
```

总而言之，设置 Classpath 的目的在于告诉 Java 执行环境，在哪些目录下可以找到所要执行的 Java 程序。

2. Eclipse Hadoop 插件

Eclipse 是一个跨平台的自由集成开发环境（IDE）。通过安装不同的插件，Eclipse 可以支持不同的计算机语言，比如 C++、Python 等，亦可以通过 Hadoop 插件来扩展开发 Hadoop 相关程序。

在实际工作中，Eclipse Hadoop 插件需要根据 Hadoop 集群的版本号进行下载并编译。

3. 实例

接下来执行一个实例——读写 HDFS 文件，通过本例，可以熟悉 HDFS 文件操作程序的实现过程。

（1）配置 master 服务器 classpath

1）使用 SSH 工具登录 master 服务器，执行如下命令打开文件。

```
[root@centos01 ~]# vi /etc/profile
```

添加以下配置。

```
export JAVA_HOME=/opt/modules/jdk1.8.0_144
export HADOOP_HOME=/opt/modules/hadoop-2.8.2
export PATH=$PATH:$HADOOP_HOME/bin
export JRE_HOME=/opt/modules/hadoop-2.8.2//jre
export PATH=$PATH:$JAVA_HOME/bin:$JRE_HOME/bin
```

2）执行如下命令，使刚才的环境变量修改生效。

```
[root@centos01 ~]# source /etc/profile
```

（2）在 master 服务器编写 HDFS 写程序

在 master 服务器上执行命令，编写 HDFS 写文件程序。

```
[root@centos01 ~]# vi WriteFile.java
import org.apache.hadoop.conf.Configuration;
import org.apache.hadoop.fs.FSDataOutputStream;
import org.apache.hadoop.fs.FileSystem;
import org.apache.hadoop.fs.Path;

public class WriteFile {
  public static void main(String[] args)throws Exception{
        Configuration conf=new Configuration();
        FileSystem hdfs = FileSystem.get(conf);
        Path dfs = new Path("/weather.txt");
        FSDataOutputStream outputStream = hdfs.create(dfs);
        outputStream.writeUTF("nj 20161009 23\n");
        outputStream.close();
  }
}
```

（3）编译并打包 HDFS 写程序

使用 javac 编译刚刚编写的代码，并使用 jar 命令将其打包为 hdpAction.jar。

```
[root@centos01 ~]# javac WriteFile.java
[root@centos01 ~]# jar -cvf hdpAction.jar WriteFile.class
added manifest
adding: WriteFile.class(in = 833) (out= 489)(deflated 41%)
```

（4）执行 HDFS 写程序

1）在 master 服务器上使用 hadoop jar 命令执行 hdpAction.jar。

```
[root@centos01 hadoop-2.8.2]# hadoop jar ~/hdpAction.jar WriteFile
```

2）查看是否已生成 weather.txt 文件，若已生成，则查看文件内容是否正确。

```
[root@centos01 hadoop-2.8.2]# hadoop fs -ls /
[root@centos01 hadoop-2.8.2]# hadoop fs -cat /weather.txt
nj 20161009 23
```

（5）在 master 服务器编写 HDFS 读程序

在 master 服务器上执行命令，编写 HDFS 读文件程序。

```
[root@centos01 ~]# vi ReadFile.java
import java.io.IOException;
import org.apache.hadoop.conf.Configuration;
import org.apache.hadoop.fs.FSDataInputStream;
import org.apache.hadoop.fs.FileSystem;
import org.apache.hadoop.fs.Path;

public class ReadFile {
  public static void main(String[] args) throws IOException {
    Configuration conf = new Configuration();
    Path inFile = new Path("/weather.txt");
    FileSystem hdfs = FileSystem.get(conf);
    FSDataInputStream inputStream = hdfs.open(inFile);
    System.out.println("myfile: " + inputStream.readUTF());
    inputStream.close();
  }
}
```

（6）编译并打包 HDFS 读程序

使用 javac 编译刚刚编写的代码，并使用 jar 命令将其打包为 hdpAction.jar。

```
[root@centos01 ~]# javac ReadFile.java
[root@centos01 ~]# jar -cvf hdpAction.jar ReadFile.class
added manifest
adding: ReadFile.class(in = 1093) (out= 597)(deflated 45%)
```

（7）执行 HDFS 读程序

在 master 服务器上使用 hadoop jar 命令执行 hdpAction.jar，查看程序运行结果。

```
[root@centos01 hadoop-2.8.2]# hadoop jar  ~/hdpAction.jar  ReadFile
myfile: nj 20161009 23
```

（8）安装并配置 Eclipse Hadoop 插件

1）关闭 Eclipse，将 hadoop-eclipse-plugin-2.6.0.jar 文件复制到 Eclipse 安装目录的 plugins 文件夹下，如图 4-19 和图 4-20 所示。

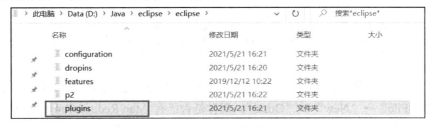

图 4-19　Eclipse 软件的插件文件夹

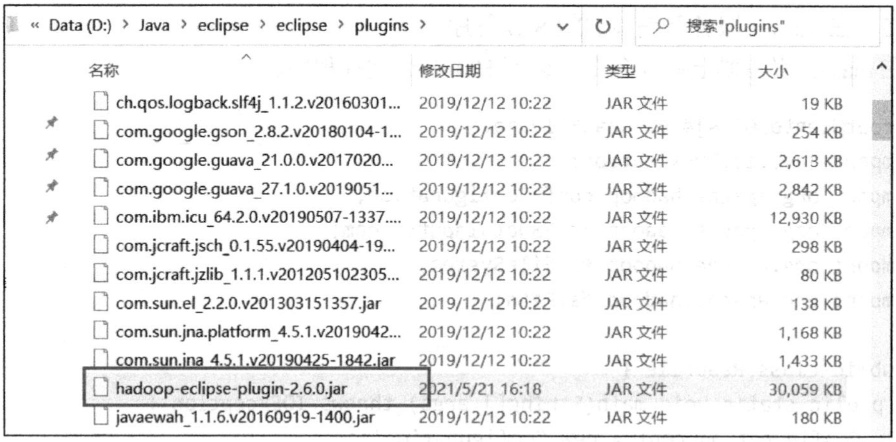

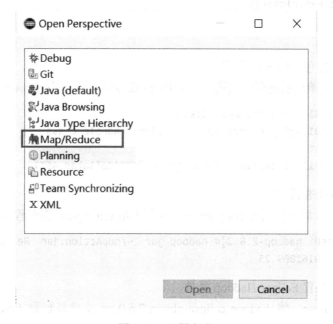

图 4-20　将 hadoop-eclipse-plugin-2.6.0.jar 文件复制到插件文件夹中

2）打开 Eclipse，在 Open Perspective 窗口即可看到 Map/Reduce 小象图标，如图 4-21 所示。

图 4-21　配置完成

3）接下来准备本地 Hadoop 环境，用于加载 Hadoop 目录中的 JAR 包，只需解压 hadoop-2.8.2.tar.gz 文件即可，解压过程中可能会遇到 "无法创建符号链接" 错误，单击关闭忽略。

4）现在，需要验证是否可以用 Eclipse 新建 Hadoop（HDFS）项目。打开 Eclipse，依次单击 "File" → "New" → "Other"，查看是否已有 Map/Reduce Project 选项。首次新建 Map/Reduce 项目时，需要指定 Hadoop 解压后的位置，如图 4-22 所示。

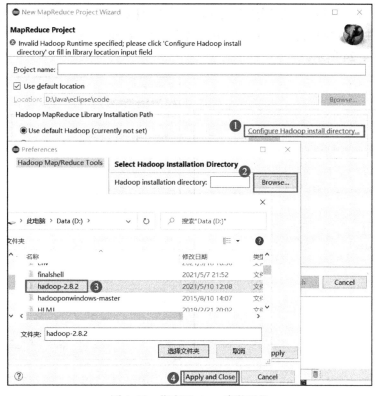

图 4-22　指定 Hadoop 安装目录

（9）使用 Eclipse 开发并打包 HDFS 写文件程序

1）打开 Eclipse，依次单击"File"→"New"→"Map/Reduce Project"或"File"
→"New"→"Other"→"Map/Reduce Project"，新建项目名为 WriteHDFS 的
Map/Reduce 项目。

2）新建 WriteFile 类并编写如下代码。

```java
import org.apache.hadoop.conf.Configuration;
import org.apache.hadoop.fs.FSDataOutputStream;
import org.apache.hadoop.fs.FileSystem;
import org.apache.hadoop.fs.Path;

public class WriteFile {
  public static void main(String[] args)throws Exception{
      Configuration conf=new Configuration();
      FileSystem hdfs = FileSystem.get(conf);
      Path dfs = new Path("/weather.txt");
      FSDataOutputStream outputStream = hdfs.create(dfs);
      outputStream.writeUTF("nj 20161009 23\n");
      outputStream.close();
  }
}
```

3）在 Eclipse 左侧的导航栏选中该项目，单击"Export"→"Java"→"JAR File"，填写导出文件的路径和文件名（本例中设置为 hdpAction.jar），导出 JAR 文件包，如图 4-23 和图 4-24 所示。

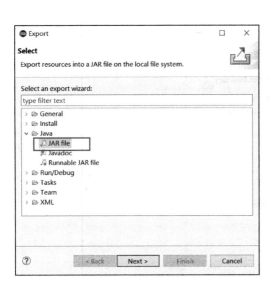

图 4-23　选择导出 JAR 包文件　　　　图 4-24　指定导出的 JAR 包文件名

（10）上传并执行 HDFS 写文件程序 JAR 包

1）使用 WinSCP、XManager 或其他 SSH 工具的 SFTP 工具上传刚刚生成的 hdpAction.jar 包至 master 服务器，本例中使用 FinalShell。

2）在 master 服务器上使用 hadoop jar 命令执行 hdpAction.jar。

```
[root@centos01 hadoop-2.8.2]# hadoop jar ~/hdpAction.jar WriteFile
```

3）查看是否已生成 weather.txt 文件，若已生成，则查看文件内容是否正确。

```
[root@centos01 hadoop-2.8.2]# hadoop fs -ls /
[root@centos01 hadoop-2.8.2]# hadoop fs -cat /weather.txt
nj 20161009 23
```

（11）使用 Eclipse 开发并打包 HDFS 读文件程序

1）打开 Eclipse，依次单击"File"→"New"→"Map/Reduce Project"或"File"→"New"→"Other"→"Map/Reduce Project"，新建项目名为 ReadHDFS 的 Map/Reduce 项目。

2）新建 ReadFile 类并编写如下代码。

```
import java.io.IOException;
import org.apache.hadoop.conf.Configuration;
import org.apache.hadoop.fs.FSDataInputStream;
```

```
import org.apache.hadoop.fs.FileSystem;
import org.apache.hadoop.fs.Path;

public class ReadFile {
  public static void main(String[] args) throws IOException {
    Configuration conf = new Configuration();
    Path inFile = new Path("/weather.txt");
    FileSystem hdfs = FileSystem.get(conf);
    FSDataInputStream inputStream = hdfs.open(inFile);
    System.out.println("myfile: " + inputStream.readUTF());
    inputStream.close();
  }
}
```

3）在 Eclipse 左侧导航栏选中该项目，单击"Export"→"Java"→"JAR File"，将其导出为 hdpAction.jar。

（12）上传并执行 HDFS 读文件程序 JAR 包

1）使用 FinalShell 工具上传刚刚生成的 hdpAction.jar 包至 master 服务器。

2）在 master 服务器上使用 hadoop jar 命令执行 hdpAction.jar，并查看程序执行结果。

```
[root@centos01 hadoop-2.8.2]# hadoop jar ~/hdpAction.jar  ReadFile
myfile: nj 20161009 23
```

4.4.2 MapReduce 操作 1：二次排序

扩展视频 06

本节内容可通过扩展视频 06 对照学习。

（1）案例概述

MapReduce 默认会对键进行排序，有时候人们也需要对值进行排序。这类需求，可以通过在 reduce 阶段排序收集 values 加以实现。但如果存在数量巨大的 values，可能就会导致内存溢出等问题，这就是二次排序应用的场景——将对值的排序也安排到 MapReduce 计算过程之中，而不是单独来做。

二次排序就是首先按照第一字段排序，然后再对第一字段相同的行按照第二字段排序，注意不能破坏第一次排序的结果。

（2）编写程序

程序主要难点在于排序和聚合。

对于排序，需要定义一个 IntPair 类用于数据的存储，并在 IntPair 类内部自定义 Comparator 类以实现第一字段和第二字段的比较。

对于聚合，需要定义一个 FirstPartitioner 类，在 FirstPartitioner 类内部指定聚合规则为第一字段。

此外，还需要开启 MapReduce 框架自定义 Partitioner 功能和 GroupingComparator 功能。

IntPair 类代码如下。

```java
package mr;

import java.io.DataInput;
import java.io.DataOutput;
import java.io.IOException;
import org.apache.hadoop.io.IntWritable;
import org.apache.hadoop.io.WritableComparable;

public class IntPair implements WritableComparable {
    private IntWritable first;
    private IntWritable second;
    public void set(IntWritable first, IntWritable second) {
        this.first = first;
        this.second = second;
    }
    //注意：需要添加无参的构造方法，否则会报错
    public IntPair() {
        set(new IntWritable(), new IntWritable());
    }
    public IntPair(int first, int second) {
        set(new IntWritable(first), new IntWritable(second));
    }
    public IntPair(IntWritable first, IntWritable second) {
        set(first, second);
    }
    public IntWritable getFirst() {
        return first;
    }
    public void setFirst(IntWritable first) {
        this.first = first;
    }
    public IntWritable getSecond() {
        return second;
    }
    public void setSecond(IntWritable second) {
        this.second = second;
    }
    public void write(DataOutput out) throws IOException {
        first.write(out);
        second.write(out);
    }
    public void readFields(DataInput in) throws IOException {
        first.readFields(in);
```

```java
        second.readFields(in);
    }
    public int hashCode() {
        return first.hashCode() * 163 + second.hashCode();
    }
    public boolean equals(Object o) {
        if (o instanceof IntPair) {
            IntPair tp = (IntPair) o;
            return first.equals(tp.first) && second.equals(tp.second);
        }
        return false;
    }
    public String toString() {
        return first + "\t" + second;
    }
    public int compareTo(Object o) {
        IntPair tp=(IntPair) o;
        int cmp = first.compareTo(tp.first);
        if (cmp != 0) {
            return cmp;
        }
        return second.compareTo(tp.second);
    }
}
```

完整代码如下。

```java
package mr;

import java.io.IOException;
import org.apache.hadoop.conf.Configuration;
import org.apache.hadoop.fs.Path;
import org.apache.hadoop.io.LongWritable;
import org.apache.hadoop.io.NullWritable;
import org.apache.hadoop.io.Text;
import org.apache.hadoop.io.WritableComparable;
import org.apache.hadoop.io.WritableComparator;
import org.apache.hadoop.mapreduce.Job;
import org.apache.hadoop.mapreduce.Mapper;
import org.apache.hadoop.mapreduce.Partitioner;
import org.apache.hadoop.mapreduce.Reducer;
import org.apache.hadoop.mapreduce.lib.input.FileInputFormat;
import org.apache.hadoop.mapreduce.lib.output.FileOutputFormat;

public class SecondarySort {
    static class TheMapper extends Mapper<LongWritable, Text, IntPair,
```

```java
NullWritable>{
        @Override
        protected void map(LongWritable key, Text value, Context context)
                throws IOException, InterruptedException {
            String[] fields = value.toString().split("\t");
            int field1 = Integer.parseInt(fields[0]);
            int field2 = Integer.parseInt(fields[1]);
            context.write(new IntPair(field1,field2), NullWritable.get());
        }
    }
    static class TheReducer extends Reducer<IntPair, NullWritable,IntPair,
NullWritable>{
    //private static final Text SEPARATOR = new Text("..............................
......................");
        @Override
        protected void reduce(IntPair key, Iterable<NullWritable> values,
Context context)
                throws IOException, InterruptedException {
            context.write(key, NullWritable.get());
        }
    }
    public static class FirstPartitioner extends Partitioner<IntPair,
NullWritable>{
        public int getPartition(IntPair key, NullWritable value,
            int numPartitions){
            return Math.abs(key.getFirst().get()) % numPartitions;
        }
    }
//如果不添加这个类，默认第一列和第二列都是升序排序的
//这个类的作用是使第一列升序排序，第二列降序排序
public static class KeyComparator extends WritableComparator {
    //无参构造器必须加上，否则报错
    protected KeyComparator() {
        super(IntPair.class, true);
    }
    public int compare(WritableComparable a, WritableComparable b) {
        IntPair ip1 = (IntPair) a;
        IntPair ip2 = (IntPair) b;
//第一列按升序排序
        int cmp = ip1.getFirst().compareTo(ip2.getFirst());
        if (cmp != 0) {
            return cmp;
        }
//在第一列相等的情况下，第二列按倒序排序
```

108

```
            return -ip1.getSecond().compareTo(ip2.getSecond());
        }
    }
    public static void main(String[] args) throws Exception {
        Configuration conf = new Configuration();
        Job job = Job.getInstance(conf);
        job.setJarByClass(SecondarySort.class);
        //设置 Mapper 的相关属性
        job.setMapperClass(TheMapper.class);
        //当 Mapper 中的输出的 key 和 value 的类型和 Reduce 输出的 key 和 value 的类型相同
时, 以下两句可以省略
        //job.setMapOutputKeyClass(IntPair.class);
        //job.setMapOutputValueClass(NullWritable.class);
        FileInputFormat.setInputPaths(job, new Path(args[0]));
        //设置分区的相关属性
        job.setPartitionerClass(FirstPartitioner.class);
        //在 map 中对 key 进行排序
        job.setSortComparatorClass(KeyComparator.class);
        //job.setGroupingComparatorClass(GroupComparator.class);
        //设置 Reducer 的相关属性
        job.setReducerClass(TheReducer.class);
        job.setOutputKeyClass(IntPair.class);
        job.setOutputValueClass(NullWritable.class);
        FileOutputFormat.setOutputPath(job, new Path(args[1]));
        //设置 Reducer 数量
        int reduceNum = 1;
        if(args.length >= 3 && args[2] != null){
            reduceNum = Integer.parseInt(args[2]);
        }
        job.setNumReduceTasks(reduceNum);
        job.waitForCompletion(true);
    }
}
```

（3）打包提交

使用 Eclipse 开发工具将该代码打包，选择主类为 mr.Secondary。如果没有指定主类，那么在执行时就要指定需执行的类。

假定打包后的文件名为 SecondarySort.jar，主类 SecondarySort 位于包 mr 下，则可使用如下命令向 Hadoop 集群提交本应用。

```
[root@centos01 hadoop-2.8.2]# bin/hadoop jar ~/SecondarySort.jar /user/mapreduce/
secsort/in/secsortdata.txt /user/mapreduce/secsort/out 1
```

其中 "hadoop" 为命令，"jar" 为命令参数，后面紧跟打的包（此处将 jar 包放到

/root 路径下），"/user/mapreduce/secsort/in/secsortdata.txt"为输入文件在 HDFS 中的位置，如果 HDFS 中没有这个文件，则可以自行上传。"/user/mapreduce/secsort/out/"为输出文件在 HDFS 中的位置，"1"为 Reduce 个数。

（4）输入数据

输入数据如下：secsortdata.txt ('\t'分割)。

7	444
3	9999
7	333
4	22
3	7777
7	555
3	6666
6	0
3	8888
4	11

（5）运行结果

查看 HDFS 上的/user/mapreduce/secsort/out/part-r-00000 文件内容。

```
[root@centos01 hadoop-2.8.2]# bin/hadoop fs -cat /user/mapreduce/secsort/out/p*
```

执行上述命令后，输出结果如图 4-25 所示，程序已实现对 secsortdata.txt 文件内容的二次排序。

```
[root@centos01 hadoop-2.8.2]# bin/hadoop fs -cat /user/mapreduce/secsort/out/p*
3       9999
3       8888
3       7777
3       6666
4       22
4       11
6       0
7       555
7       444
7       333
```

图 4-25　经过二次排序的输出结果

4.4.3　MapReduce 操作 2：计数器

本节内容可通过扩展视频 07 对照学习。

（1）案例概述

MapReduce 计数器是用来记录 Job 的执行进度和状态的，它的作用相当于一个日志。可以在程序的某个位置插入计数器，记录数据或者进

扩展视频 07

110

度的变化情况。

本案例要求读者自己实现一个计数器，统计输入的无效数据。说明如下。

假如一个文件，规范的格式是 3 个字段，"\t" 作为分隔符，其中有两条异常数据，一条数据是只有两个字段，一条数据是有 4 个字段。其内容如下。

```
jim      1      28
kate     0      26
tom      1
lily     0      29      22
```

编写代码统计文档中字段不为 3 个的异常数据个数。如果字段超过 3 个视为过长字段，字段少于 3 个视为过短字段。

（2）编写程序

代码如下。

```java
package mr;

import java.io.IOException;
import org.apache.hadoop.conf.Configuration;
import org.apache.hadoop.fs.Path;
import org.apache.hadoop.io.LongWritable;
import org.apache.hadoop.io.Text;
import org.apache.hadoop.mapreduce.Counter;
import org.apache.hadoop.mapreduce.Job;
import org.apache.hadoop.mapreduce.Mapper;
import org.apache.hadoop.mapreduce.lib.input.FileInputFormat;
import org.apache.hadoop.mapreduce.lib.output.FileOutputFormat;
import org.apache.hadoop.util.GenericOptionsParser;

public class Counters {
    public static class MyCounterMap extends Mapper<LongWritable, Text, Text,
Text>{
        public static Counter ct = null;
        protected void map(LongWritable key, Text value,
                org.apache.hadoop.mapreduce.Mapper<LongWritable, Text, Text,
Text>.Context context)
                        throws java.io.IOException, InterruptedException {
            String arr_value[] = value.toString().split("\t");
            if (arr_value.length >3) {
                ct = context.getCounter("ErrorCounter", "toolong");   //
ErrorCounter 为组名，toolong 为组员名
                ct.increment(1); //计数器加一
            } else if (arr_value.length <3) {
                ct = context.getCounter("ErrorCounter", "tooshort");
```

111

```
                    ct.increment(1);
            }
        }
    }
    public static void main(String[] args) throws IOException, InterruptedException,
ClassNotFoundException {
        Configuration conf = new Configuration();
        String[] otherArgs = new GenericOptionsParser(conf, args).getRemainingArgs();
        if (otherArgs.length != 2) {
            System.err.println("Usage: Counters <in><out>");
            System.exit(2);
        }

        Job job = new Job(conf, "Counter");
        job.setJarByClass(Counters.class);
        job.setMapperClass(MyCounterMap.class);
        FileInputFormat.addInputPath(job, new Path(otherArgs[0]));
        FileOutputFormat.setOutputPath(job, new Path(otherArgs[1]));
        System.exit(job.waitForCompletion(true) ? 0 : 1);
    }
}
```

（3）打包并提交

首先，执行如下命令，创建输入数据的存储路径/usr/counters/in，将数据文件 counters.txt 上传至 HDFS。

```
[root@centos01 hadoop-2.8.2]# bin/hadoop fs -mkdir-p /usr/counters/in
[root@centos01 hadoop-2.8.2]# bin/hadoop fs -put ~/counters.txt /usr/counters/in
```

使用 Eclipse 开发工具将该代码打包，选择主类为 mr.Counters。如果没有指定主类，那么在执行时就要指定需执行的类。

假定打包后的文件名为 Counters.jar，主类 Counters 位于包 mr 下，则可使用如下命令向 Hadoop 集群提交本应用。

```
[root@master hadoop]# bin/hadoop jar Counters.jar /usr/counters/in/counters.txt
/usr/counters/out
```

其中，"hadoop" 为命令，"jar" 为命令参数，后面紧跟 jar 包（此处将 jar 包放到 /root 路径下）。"/usr/counters/in/counters.txt" 为输入文件在 HDFS 中的位置（如果没有，自行上传），"/usr/counters/out" 为输出文件在 HDFS 中的位置。

（4）输入数据

输入数据如下：counters.txt('\t'分割)。

jim	1	28
kate	0	26
tom	1	

lily	0	29	22

（5）运行结果

执行命令，输出结果如图 4-26 所示。结果显示，字段超过 3 个的过长字段有 1 个，字段少于 3 个的过短字段有 1 个。

图 4-26　异常数据计数器显示结果

4.4.4　MapReduce 操作 3：Join 操作

本节内容可通过扩展视频 08 对照学习。

（1）案例概述

扩展视频 08

在 Hadoop 中使用 MapReduce 框架进行 Join 操作比较耗时，但是由于 Hadoop 分布式设计理念的特殊性，因此对于这种 Join 操作同样也具备了一定的特殊性。使用 MapReduce 实现 Join 操作有多种实现方式：在 Reduce 端连接和在 Map 端连接，在 Reduce 端连接是最为常见的模式。

Map 端的主要工作是为来自不同表或文件的 key/value 对打标签以区别不同来源的记录，然后用连接字段作为 key，其余部分和新加的标志作为 value，最后进行输出。

Reduce 端的主要工作是在 Reduce 端以连接字段作为 key 的分组，只需要在每一个分组中将那些来源于不同文件的记录（在 Map 阶段已经添加标志）分开，最后进行笛卡儿积计算。

本案例要求读者基于 MapReduce 思想编写两个文件 Join 操作的程序。

（2）准备阶段

在这里介绍最为常见的在 Reduce 端连接的代码编写流程。

1）首先准备数据，数据分为两个文件，分别为 A 表和 B 表数据，具体内容如下。

```
-----A 表数据-----
201001 1003 abc
201002 1005 def
201003 1006 ghi
201004 1003 jkl
201005 1004 mno
201006 1005 pqr
----B 表数据----
```

```
1003 kaka
1004 da
1005 jue
1006 zhao
```

2）现在要通过程序得到 A 表第二个字段和 B 表第一个字段一致的数据的 Join 结果。

```
1003   201001  abc  kaka
1003   201004  jkl  kaka
1004   201005  mno  da
1005   201002  def  jue
1005   201006  pqr  jue
1006   201003  ghi  zhao
```

3）程序分析执行的具体过程如下。

在 Map 阶段，把所有记录标记成<key,value>的形式，其中 key 是 1003/1004/1005/1006 的字段值，value 则根据来源不同而取不同的形式：来源于表 A 的记录，value 的值为"201001 abc"之类的值；来源于表 B 的记录，value 的值为"kaka"之类的值。

在 Reduce 阶段，先把每个 key 下的 value 列表拆分为来自表 A 和表 B 的两部分，分别放入两个向量中，然后遍历两个向量做笛卡儿积计算，形成一条条最终结果。

（3）编写程序

完整代码如下。

```java
package mr;

import java.io.DataInput;
import java.io.DataOutput;
import java.io.IOException;
import org.apache.hadoop.conf.Configuration;
import org.apache.hadoop.fs.Path;
import org.apache.hadoop.io.LongWritable;
import org.apache.hadoop.io.Text;
import org.apache.hadoop.io.WritableComparable;
import org.apache.hadoop.io.WritableComparator;
import org.apache.hadoop.mapreduce.Job;
import org.apache.hadoop.mapreduce.Mapper;
import org.apache.hadoop.mapreduce.Partitioner;
import org.apache.hadoop.mapreduce.Reducer;
import org.apache.hadoop.mapreduce.lib.input.FileInputFormat;
import org.apache.hadoop.mapreduce.lib.output.FileOutputFormat;
import org.apache.hadoop.mapreduce.lib.input.FileSplit;
import org.apache.hadoop.util.GenericOptionsParser;

public class MRJoin {
```

```java
        public  static  class  MR_Join_Mapper  extends  Mapper<LongWritable,  Text,
TextPair, Text>{
            @Override
            protected void map(LongWritable key, Text value, Context context)
                                                        throws         IOException,
InterruptedException {
                //获取输入文件的全路径和名称
                String pathName = ((FileSplit) context.getInputSplit()).getPath().
toString();
                if (pathName.contains("data.txt")) {
                    String values[] = value.toString().split("\t");
                    if (values.length < 3) {
                        //data 数据格式不规范，字段小于 3，抛弃数据
                        return;
                    } else {
                        //数据格式规范，区分标识为 1
                        TextPair tp = new TextPair(new Text(values[1]), new
Text("1"));
                        context.write(tp,new Text(values[0] + "\t" + values[2]));
                    }
                }
                if (pathName.contains("info.txt")) {
                    String values[] = value.toString().split("\t");
                    if (values.length < 2) {
                        //data 数据格式不规范，字段小于 2，抛弃数据
                        return;
                    } else {
                        //数据格式规范，区分标识为 0
                        TextPair tp = new TextPair(new Text(values[0]), new
Text("0"));
                        context.write(tp, new Text(values[1]));
                    }
                }
            }
        }
        public static class MR_Join_Partitioner extends Partitioner<TextPair, Text>{
            @Override
            public int getPartition(TextPair key, Text value, int numParititon) {
                return Math.abs(key.getFirst().hashCode() * 127) % numParititon;
            }
        }
        public static class MR_Join_Comparator extends WritableComparator {
            public MR_Join_Comparator() {
                super(TextPair.class, true);
```

```
                }
        public int compare(WritableComparable a, WritableComparable b) {
            TextPair t1 = (TextPair) a;
            TextPair t2 = (TextPair) b;
            return t1.getFirst().compareTo(t2.getFirst());
        }
    }
    public static class MR_Join_Reduce extends Reducer<TextPair, Text, Text,
Text>{
        protected void reduce(TextPair key, Iterable<Text> values, Context
context)
                    throws IOException, InterruptedException {
            Text pid = key.getFirst();
            String desc = values.iterator().next().toString();
            while (values.iterator().hasNext()) {
                context.write(pid, new Text(values.iterator().next().toString()
+ "\t" + desc));
            }
        }
    }
    public static void main(String agrs[]) throws IOException, InterruptedException,
ClassNotFoundException {
        Configuration conf = new Configuration();
        GenericOptionsParser parser = new GenericOptionsParser(conf, agrs);
        String[] otherArgs = parser.getRemainingArgs();
        if (agrs.length < 3) {
            System.err.println("Usage:MRJoin<in_path_one><in_path_two><output>");
            System.exit(2);
        }
        Job job = new Job(conf, "MRJoin");
        //设置运行的 Job
        job.setJarByClass(MRJoin.class);
        //设置 Map 相关内容
        job.setMapperClass(MR_Join_Mapper.class);
        //设置 Map 的输出
        job.setMapOutputKeyClass(TextPair.class);
        job.setMapOutputValueClass(Text.class);
        //设置 Partition
        job.setPartitionerClass(MR_Join_Partitioner.class);
        //在分区之后按照指定的条件分组
        job.setGroupingComparatorClass(MR_Join_Comparator.class);
        //设置 Reduce
        job.setReducerClass(MR_Join_Reduce.class);
        //设置 Reduce 的输出
```

116

```
        job.setOutputKeyClass(Text.class);
        job.setOutputValueClass(Text.class);
        //设置输入和输出的目录
        FileInputFormat.addInputPath(job, new Path(otherArgs[0]));
        FileInputFormat.addInputPath(job, new Path(otherArgs[1]));
        FileOutputFormat.setOutputPath(job, new Path(otherArgs[2]));
        //执行，结束后退出
        System.exit(job.waitForCompletion(true) ? 0 : 1);
    }
}
class TextPair implements WritableComparable<TextPair>{
    private Text first;
    private Text second;
    public TextPair() {
        set(new Text(), new Text());
    }
    public TextPair(String first, String second) {
        set(new Text(first), new Text(second));
    }
    public TextPair(Text first, Text second) {
        set(first, second);
    }
    public void set(Text first, Text second) {
        this.first = first;
        this.second = second;
    }
    public Text getFirst() {
        return first;
    }
    public Text getSecond() {
        return second;
    }
    public void write(DataOutput out) throws IOException {
        first.write(out);
        second.write(out);
    }
    public void readFields(DataInput in) throws IOException {
        first.readFields(in);
        second.readFields(in);
    }
    public int compareTo(TextPair tp) {
        int cmp = first.compareTo(tp.first);
        if (cmp != 0) {
            return cmp;
```

```
    }
    return second.compareTo(tp.second);
  }
}
```

（4）打包并提交

首先，执行如下命令在 HDFS 中创建/usr/MRJoin/in 路径，并将两个数据文件上传至 HDFS。

```
[root@centos01 hadoop-2.8.2]# bin/hadoop fs -mkdir -p /usr/MRJoin/in
[root@centos01 hadoop-2.8.2]# bin/hadoop fs -put ~/info.txt /usr/MRJoin/in
[root@centos01 hadoop-2.8.2]# bin/hadoop fs -put ~/data.txt /usr/MRJoin/in
```

使用 Eclipse 开发工具将该代码打包，假定打包后的文件名为 MRJoin.jar，主类 MRJoin 位于包 mr 下，则可使用如下命令向 Hadoop 集群提交本应用。

```
[root@centos01 hadoop-2.8.2]# bin/hadoop jar ~/MRJoin.jar /usr/MRJoin/in/
data.txt /usr/MRJoin/in/info.txt /usr/MRJoin/out
```

其中，"hadoop" 为命令，"jar" 为命令参数，后面紧跟 jar 包（此处将 jar 包放到 /root 路径下）。"/usr/MRJoin/in/data.txt" 和 "/usr/MRJoin/in/info.txt" 为输入文件在 HDFS 中的位置，"/usr/MRJoin/out" 为输出文件在 HDFS 中的位置。

（5）输入数据

输入数据如下：data.txt ('\t'分割)。

```
201001  1003  abc
201002  1005  def
201003  1006  ghi
201004  1003  jkl
201005  1004  mno
201006  1005  pqr
```

输入数据如下：info.txt('\t'分割)。

```
1003  kaka
1004  da
1005  jue
1006  zhao
```

注意：两数据文件内容不可颠倒。若颠倒，结果将为空。

（6）输出显示

在 master 节点上，查看 HDFS 上的/usr/MRJoin/out/part-r-00000 文件内容。

```
[root@master hadoop]# bin/hadoop fs -cat /usr/MRJoin/out/p*
```

执行上述命令，输出结果如图 4-27 所示。由图 4-27 可知，通过程序已得到 data.txt 第二个字段和 info.txt 第一个字段一致的数据的 Join 结果。

```
[root@centos01 hadoop-2.8.2]# bin/hadoop fs -cat /usr/MRJoin/out/p*
1003    201004  jkl     kaka
1003    201001  abc     kaka
1004    201005  mno     da
1005    201006  pqr     jue
1005    201002  def     jue
1006    201003  ghi     zhao
```

图 4-27　Join 操作执行结果

本章小结

本章主要介绍了 ZooKeeper 集群的搭建以及 HDFS 和 YARN 高可用集群的配置，并且在集群搭建成功的基础上进行了简单的应用。本章的重点是了解分布式文件系统（HDFS）具体操作，掌握 MapReduce 程序运行原理，使读者能够自行搭建集群并成功运行 MapReduce 程序。

本章练习

一、选择题

1．下面哪个程序负责 HDFS 数据存储？（　　　）

　　A．NameNode　　　　　　　　　B．JobTracker

　　C．DataNode　　　　　　　　　D．SecondaryNameNode　　　　　E．TaskTracker

2．下列哪个程序通常与 NameNode 在一个节点启动？（　　　　）

　　A．SecondaryNameNode　　　　B．DataNode

　　C．TaskTracker　　　　　　　　D．JobTracker

3．关于 SecondaryNameNode，哪项是正确的？（　　　）

　　A．它是 NameNode 的热备

　　B．它对内存没有要求

　　C．它的目的是帮助 NameNode 合并编辑日志，减少 NameNode 启动时间

　　D．SecondaryNameNode 应与 NameNode 部署到一个节点

4．下列哪个是 Hadoop 运行的模式？（多选）（　　　）

　　A．单机版　　　　　　　　　　B．伪分布式　　　　　　　　　C．分布式

二、思考题

1．启动 Hadoop 报以下错误，分别该如何解决？

--org.apache.hadoop.hdfs.server.namenode.NameNode

--Directory /tmp/hadoop-root/dfs/name is in an inconsistent

2．请列出正常工作的 Hadoop 集群中需要启动的进程，并简要介绍其作用。

3．请简述 Hadoop 实现二级排序的原理。

三、设计题

1．给定 100 万个字符串，其中有些是相同的（重复），需要把重复的全部去掉，保留没有重复的字符串。请结合 MapReduce 编程模型给出设计思路或核心代码。

2．请将下面程序的下划线中缺少的内容补充完整（共 8 处）。

```
public class WordCount {
    publicstatic class TokenizerMapper extends
        Mapper < _____ , _____ , _____ , _____ > {
        private final static IntWritable one = newIntWritable(1);
        private Text word = new Text();
        public void map(LongWritable key, Text value,Context context){
            StringTokenizeritr = new StringTokenizer(value.toString());
            while (itr.hasMoreTokens()) {
                word.set(itr.nextToken());
                context.write(word, one);
            }
        }
    }
    public static class IntSumReducer extends
            Reducer< _____ , _____ , Text, IntWritable> {
        private IntWritable result = newIntWritable();
        public void reduce( _____ key, Iterable <_____> values, Context
context) {
            int sum = 0;
            for (IntWritable val : values) {
                sum += val.get();
            }
            result.set(sum);
            context.write(key, result);
        }
    }
    public static void main(String[] args) throws Exception {
        ......
    }
}
```

第5章
Spark 技术基础及构建 Spark 集群

本章内容

本章首先介绍 Spark 的核心机制，然后介绍 Hive、HBase、Kafka、Flume 的原理及实践，并讲解这些组件的安装部署流程，最后借助两个案例说明 Spark Streaming 和 Spark MLlib 的实际应用。

本章要点

- 了解 Spark 的核心机制，熟悉 Spark Shell 操作。
- 熟悉 Hive、HBase、Kafka、Flume 组件的原理及架构。
- 掌握 Spark 集群搭建的方法以及其他组件的部署方法。
- 学会编写 Spark Streaming 代码，整合其他组件解决实际问题。

5.1 Spark 核心机制

本节介绍 Spark 的概念及主要构成组件、运行时的系统架构，并通过开发单词计数实例讲解 Spark Shell 的操作。

5.1.1 Spark 基本原理

Spark 是加州大学伯克利分校 AMP 实验室（Algorithms, Machines and People Lab）开发的通用内存并行计算框架。

Spark 提供了一个快速的计算、写入以及交互式查询的框架。Spark 使用 In-Memory 的计算方式，以此避免一个 MapReduce 工作流中的多个任务对同一个数据集进行计算时的 I/O 瓶颈。在保留 MapReduce 容错性、可扩展性等特性的同时，Spark 还能保证高性能，避免磁盘 I/O 繁忙，主要原因是 RDD（Resilient Distributed Dataset）内存抽象结构的创建。

Spark 使用 Scala 语言编写，Scala 是一种面向对象、函数式编程语言。Spark 能够像操作本地集合对象一样轻松地操作分布式数据集，具有以下特点。

1）运行速度快：Spark 拥有 DAG（有向无环图）执行引擎，支持在内存中对数据进行迭代计算。官方提供的数据表明，如果数据由磁盘读取，速度是 Hadoop MapReduce 的 10 倍以上；如果数据从内存中读取，速度可以高达 100 多倍。

2）易用性好：Spark 不仅支持 Scala 编写应用程序，而且支持 Java、Python 等语言进行编写，特别的是，Scala 是一种高效、可拓展的语言，能够用简洁的代码处理较为复杂的处理任务。

3）通用性强：Spark 生态圈即 BDAS（伯克利数据分析栈），包含了 Spark Core、Spark SQL、Spark Streaming、MLlib 和 GraphX 等组件，Spark Core 用于提供的内存计算框架、Spark Streaming 用于实时处理、Spark SQL 用于即时查询、MLlib 或 MLBase 用于机器学习，GraphX 用于图处理。

4）随处运行：Spark 具有很强的适应性，能够读取 HDFS、Cassandra、HBase、S3 和 Techyon，为持久层读写原生数据，能够以 Mesos、YARN 和自身携带的 Standalone 作为资源管理器调度 Job，以完成 Spark 应用程序的计算。

除此之外，Spark 有一些常用术语，具体如下。

1）RDD：弹性分布式数据集（Resilient Distributed Dataset，RDD），是分布式内存的抽象结构，提供了一种高度受限的共享内存模型。

2）DAG：有向无环图，反映 RDD 之间的依赖关系。

3）Application：Spark 上的应用，即用户编写的 Spark 应用程序。一个 Application 包含一个驱动器（Driver）和多个执行器（Executor）。

4）Driver Program：驱动器，即控制程序。负责运行 main 方法及创建 SparkContext 进程。

5）Worker Node：工作节点，负责完成集群上应用程序的具体计算。

6）Executor：执行器，即运行在工作节点上的一个进程。负责运行计算任务，并为应用程序存储数据。

7）Task：任务，运行在执行器上的工作单元，是其中的一个线程。

8）Cluster Manager：集群资源管理中心，负责分配计算资源。

9）Job：并行计算作业。由一组任务（Task）组成，一个 Job 可以包含多个 RDD 及作用于相应 RDD 上的各种操作。

10）Stage：阶段，即作业的基本调度单位。每个作业会划分为多组任务，每组任务即阶段。

5.1.2 Spark 系统架构

Spark 系统架构采用分布式计算中的 Master-Slave 模型，Master 对应集群中含有 Master 进程的节点，Slave 对应集群中含有 Worker 进程的节点。Master 作为整个集群的控制器，负责整个集群的正常运行；Worker 则相当于计算节点，接收主节点命令并创建执行器并行处理任务；Driver 负责应用的执行，即作业调度、任务分发；集群资源管理中心负责分配整个集群的计算资源，Spark 系统架构如图 5-1 所示。

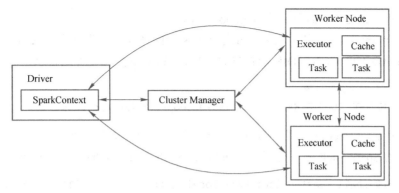

图 5-1　Spark 系统架构

5.1.3　Spark Shell 操作

  Spark Shell 是一个强大的交互式数据分析工具，初学者可以很好地使用它来学习相关 API，用户可以在命令行下使用 Scala 编写 Spark 程序，每当输入一条语句，Spark Shell 就会立即执行并返回结果。Spark Shell 支持 Scala 和 Python，如果需要使用 Python 编写程序，只需要执行"pyspark"命令即可。

  首先，启动 Hadoop 和 Spark 集群（Spark 集群部署见 5.6.1 节）。运行 Spark Shell，先切换到 Spark 安装目录的 bin 目录下，执行如下命令。

```
bin/spark-shell-master<master-url>
```

  上述命令中，"-master"表示指定当前连接的 Master 节点，<master-url>用于指定 Spark 的运行模式，可以省略。

  如需查询 Spark Shell 的更多使用方式可以执行"--help 命令"获取帮助选项列表。

  下面，介绍一个开发单词计数程序实例。

  1）准备数据文件 words.txt，文件内容如下。读者需要在本地创建文件并上传至 HDFS 指定路径/spark/test 下，如图 5-2 所示。

```
hello hadoop
hello spark
hello itcast
```

图 5-2　上传文件 words.txt 至 HDFS 指定路径/spark/test 下

2）执行 start-dfs.sh 命令启动 Hadoop 集群。

3）整合 Spark 与 HDFS Spark 加载 HDFS 上的文件，需要修改 spark-env.sh 配置文件，添加 HADOOP_CONF_DIR 配置参数，指定 Hadoop 配置文件的目录。

```
#指定 HDFS 配置文件目录
export HADOOP_CONF_DIR=/opt/modules/hadoop-2.8.2/etc/hadoop
```

4）重新启动 Hadoop 集群和 Spark 集群服务，使配置文件生效。

5）启动 Spark Shell 编写程序。启动 Spark Shell 交互式界面，执行命令如下。

```
bin/spark-shell –master local[2]//local 表示本地模式运行，[2]表示启动两个工种线程
```

Spark Shell 本身就是一个 Driver，它会初始化一个 SparkContext 对象为"sc"，用户可以直接调用。下面编写 Scala 代码实现单词计数，具体代码如下。

```
scala>sc.textFile("/spark/test/words.txt").flatMap(_.split("")).map((_,1)).reduceByKey(_+_).collect
    res0:  Array[(String,  Int)]  =  Array((itcast,1),  (hello,3)，  (spark,1),
(hadoop,1))
```

上述代码中，res0 表示返回的结果对象，该对象中是一个 Array[](String, Int)类型的集合，（hello，3）则表示"hello"单词个数为 3 个。

6）退出 Spark Shell 客户端。

```
scala> :quit
```

也可以使用快捷键〈Ctrl+D〉实现。

5.2 Hive 原理及实践

本节介绍了 Hive 的基本概念、架构体系以及具体的架构组件，并对常见的表分类和表操作进行了介绍。

5.2.1 Hive 定义

Hive 是基于 Hadoop 的一个数据仓库工具，由 Facebook 开源，用于解决海量结构化日志的数据统计问题。Hive 可以将结构化的数据文件映射为一张表，并提供类 SQL 查询功能。其本质是将 HQL 转换成 MapReduce 程序，体现在以下三个方面。

1）Hive 处理的数据存储在 HDFS。

2）Hive 分析数据底层的实现是 MapReduce。

3）执行程序运行在 YARN 上。

5.2.2 Hive 架构

Hive 架构主要包括 Client、Metastore 和 Hadoop，Hive 运行于 YARN 之上，其数据存储在 HDFS 上，架构原理图如图 5-3 所示。

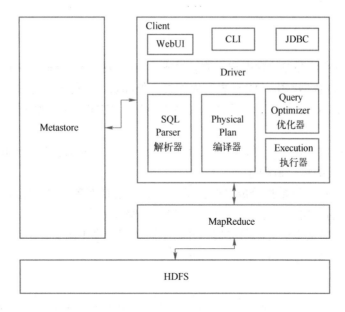

图 5-3 Hive 架构原理图

（1）用户接口：Client

用户接口包括 CLI（Hive Shell）、JDBC/ODBC（Java 访问 Hive）、WebUI（浏览器访问 Hive）

（2）元数据：Metastore

元数据包括表名、表所属的数据库（默认是 default）、表的拥有者、列/分区字段、表的类型（是否是外部表）、表的数据所在目录等。

默认存储在自带的 Derby 数据库中，推荐使用 MySQL 存储 Metastore。

（3）Hadoop

使用 HDFS 进行存储，使用 MapReduce 进行计算。

（4）驱动器：Driver

1）解析器（SQL Parser）：将 SQL 字符串转换成抽象语法树（AST），这一步一般都用第三方工具库完成，比如 ANTLR；对 AST 进行语法分析，分析表是否存在、字段是否存在、SQL 语义是否有误。

2）编译器（Physical Plan）：将 AST 编译生成逻辑执行计划。

3）优化器（Query Optimizer）：对逻辑执行计划进行优化。

4）执行器（Execution）：把逻辑执行计划转换成可以运行的物理计划。对于 Hive 来说，就是 MR/Spark。

Hive 通过给用户提供的一系列交互接口，接收到用户的指令（SQL），使用自己的 Driver 并结合元数据（MetaStore），将这些指令翻译成 MapReduce，提交到 Hadoop 中执行。最后，将执行返回的结果输出到用户交互接口。

5.2.3 Hive 表分类及查询操作

1．表分类

Hive 的表由实际存储的数据和元数据组成。实际数据一般存储于 HDFS 中，元数据一般存储于关系型数据库中。Hive 表有内部表、外部表、分区表、分桶表四种。

1）内部表：又叫受控表。当表定义被删除时，HDFS 上的数据以及元数据都会被删除。

2）外部表：数据存在与否和表定义互不约束。当删除外部表时，HDFS 上的数据不会被删除，但是元数据会被删除。

3）分区表：将一批数据分成多个目录来存储。当查询数据时，Hive 可以根据条件只查询指定分区的数据，而无须全表扫描，提高了查询效率。

4）分桶表：对数据进行哈希取值，并将不同数据放到不同文件中存储，每个文件对应一个桶。可用于数据抽样，提高了查询效率。

2．表操作

由于 Hive 采用了类似 SQL 的查询语言 HQL（Hive Query Language），因此很容易将 Hive 理解为数据库。

（1）内部表

1）创建表，命令如下。

```
CREATE TABLE student(id INT,name STRING);
```

执行上述命令，创建表 student，其中字段 id 为整型，字段 name 为字符串。在数据仓库目录中的 test_db.db 文件夹下会生成一个名为 student 的文件夹，即表 student 的数据存储目录。

2）查看表结构。执行以下命令，查看新创建的表 student 的表结构。

```
DESC student;
```

执行带有 FORMATTED 的语句将显示详细表结构，包括表类型及在数据仓库的位置。

```
DESC FORMATTED student;
```

3）插入数据，命令如下。

```
INSERT INTO student VALUES(1000,'xiaoming');
```

Hive 会将 INSERT 插入语句转成 MapReduce 任务执行。执行完成后，表中会多一条数据。

4）查询表中数据，命令如下。

```
SELECT * FROM student;
```

5）删除表。执行以下命令，删除 test_db 数据库中的学生表 student。数据仓库目录中的 student 目录被删除。

```
DROP TABLE IF EXISTS test_db.student;
```

（2）外部表

1）创建表，命令如下。

```
CREATE EXTERNAL TABLE test_db.emp(id INT,name STRING);
```

在数据库 test_db 中创建外部表 emp。在数据仓库目录中的 test_db.db 文件夹下会生成一个名为 emp 的文件夹，即表 emp 的数据存储目录。不指定 LOCATION，则默认创建于数据仓库目录中。若指定 LOCATION 关键字，则创建于指定的 HDFS 位置。

执行以下命令，在数据库 test_db 中创建外部表 emp2，并指定在 HDFS 中的存储目录为/input/hive。

```
CREATE EXTERNAL TABLE test_db.emp2 (id int,name STRING )
ROW FORMAT DELIMITED FIELDS
TERMINATED BY '\t' LOCATION '/input/hive';
```

在本地目录/home/hadoop 下创建文件 emp.txt（字段之间以〈Tab〉键隔开），命令如下。

```
1       xiaoming
2       zhangsan
3       wangqiang
```

执行以下命令，将该文件导入表 emp2。

```
LOAD DATA LOCAL INPATH '/home/hadoop/emp.txt' INTO TABLE test_db.emp2;
```

导入成功后，可查看 HDFS 目录/input/hive 下是否已存在 emp.txt 文件。

2）查询表中数据，命令如下。

```
SELECT * FROM test_db.emp2;
```

3）删除表。执行以下命令，删除 test_db 数据库中的表 emp2，数据仓库中的 emp2 目录仍存在。删除外部表时，个会删除实际数据，但元数据会被删除。

```
DROP TABLE test_db. emp2;
```

（3）分区表

Hive 可以使用关键字 PARTITIONED BY 对表进行分区操作，可以根据某一列的值将表分为多个分区，每一个分区对应数据仓库中的一个目录。查询数据时，根据 WHERE 条件 Hive 只查询指定的分区而无须全表扫描，从而加快查询速度。

1）创建表。在数据库 test_db 中创建分区表"student"，表"student"包含四列：id (学号)、name (姓名)、age (年龄)和 gender (性别)，将年龄 age 作为分区列。

```
CREATE TABLE test_db.student(id INT,name STRING,gender STRING)
PARTITIONED BY (age INT)
```

```
ROW FORMAT DELIMITED FIELDS TERMINATED BY '\t';
```

注意：创建表时指定表列中不应包含分区列，分区列需使用关键字 PARTITIONED BY 在后面单独指定。

在本地目录/home/hadoop 下创建文件 file1.txt（字段之间以〈Tab〉键隔开），命令如下。

```
1       zhangsan        male
2       zhanghua        female
3       wanglulu        female
4       liuxiaojie      male
```

执行以下命令，将该文件导入表 student，此处指定分区值 age=17。

```
LOAD DATA LOCAL INPATH '/home/hadoop/file1.txt'
INTO TABLE test_db.student
PARTITION(age=17);
```

注意：导入数据时必须指定分区值。若不指定，Hive 会将数据文件最后一列替换为分区列。

2）查询分区表数据，命令如下。

```
SELECT name,age FROM student WHERE age=17;
```

3）增加分区。执行以下命令，在表"student"中增加两个分区 age=21 和 age=22。注意，该命令只是为现有的分区列增加一个或多个分区目录，并不是增加其他的分区列。

```
ALTER TABLE student ADD PARTITION(age=21) PARTITION(age=22);
```

4）删除分区。执行以下命令，删除两个分区 age=21 和 age=17。删除分区将删除分区目录及目录下的所有数据文件。

```
ALTER TABLE test_db.student DROP PARTITION (age=17),PARTITION (age=21);
```

5）查看分区，命令如下。

```
show partitions test_db.student;
```

（4）分桶表

Hive 可以将表或分区进一步细分成桶，以便获得更高的查询效率。一个分区会存储为一个目录，数据文件存储于该目录中，而一个桶将存储为一个文件，数据内容存储于该文件中。

1）创建分桶表。创建用户表"user_info"，并根据 user_id 进行分桶，指定桶的数量为 6。

```
CREATE TABLE user_info (user_id INT, name STRING)
CLUSTERED BY(user_id)
INTO 6 BUCKETS
```

```
ROW FORMAT DELIMITED FIELDS TERMINATED BY '\t';
```

2）查看表结构，命令如下。

```
DESC FORMATTED user_info;
```

3）将数据导入分桶表。将数据导入分桶表的具体步骤是先创建中间表，再向中间表导入数据，最后将中间表的数据导入到分桶表。

在本地目录/home/hadoop 下创建数据文件 user_info.txt（列之间以〈Tab〉键分隔），命令如下。

```
1001    zhangsan
1002    liugang
1003    lihong
1004    xiaoming
1005    zhaolong
1006    wangwu
1007    sundong
1008    jiangdashan
1009    zhanghao
1010    lisi1001
```

创建中间表，命令如下。

```
CREATE TABLE user_info_tmp (user_id INT, name STRING)
ROW FORMAT DELIMITED FIELDS TERMINATED BY '\t';
```

向中间表导入数据，命令如下。

```
LOAD DATA LOCAL INPATH '/home/hadoop/user_info.txt'
 INTO TABLE user_info_tmp;
```

将中间表的数据导入到分桶表，命令如下。

```
INSERT INTO TABLE user_info
 SELECT user_id,name FROM user_info_tmp;
```

4）数据抽样。使用抽样查询需要用到语法 TABLESAMPLE(BUCKET x OUT OF y)。其中，y 必须是分桶数的倍数或因子，Hive 会根据 y 的大小，决定抽样的比例。例如，总共分 4 个桶，当 y=2 时，则抽取 2（4/2=2）个桶的数据；当 y=8 时，则抽取 1/2（4/8=1/2）个桶的数据。而 x 则表示从第几个桶开始抽取，也是抽取的下一个桶与上一个桶的编号间隔数。例如，表分桶数为 4，TABLESAMPLE(BUCKET 1 OUT OF 2)表示总共抽取 2（4/2=2）个桶的数据，分别为第 1 个和第 3（1+2=3）个桶。命令如下。

```
SELECT * FROM user_info TABLESAMPLE(BUCKET 1 OUT OF 2);
```

已知表"userinfo"的分桶数为 6，上述命令中抽取桶的个数为 3，抽取桶的编号分别为第 1 个、第 3 个和第 5 个。

5.3 HBase 原理及实践

本节首先介绍 HBase 的概念和集群架构，然后着重介绍 HBase 的原理、存储方式和逻辑结构。

5.3.1 HBase 定义

HBase 是一种分布式、可扩展、支持海量数据存储的 NoSQL 开源数据库。HBase 是一个面向列的数据库，它的思想来源于 Google 的一篇名为 *BigTable* 的论文。BigTable 是基于 GFS（Google File System）的分布式列式数据库，与 BigTable 类似，HBase 是基于 HDFS（Hadoop Distributed File System）的分布式列式数据库。BigTable 认为世界上所有数据库的表结构通过三个列即可实现，即行键、列名、列值。

5.3.2 HBase 集群架构

HBase 采用分布式计算中的 Master-Slave 架构，其底层数据存储于 HDFS 中，集群架构如图 5-4 所示。

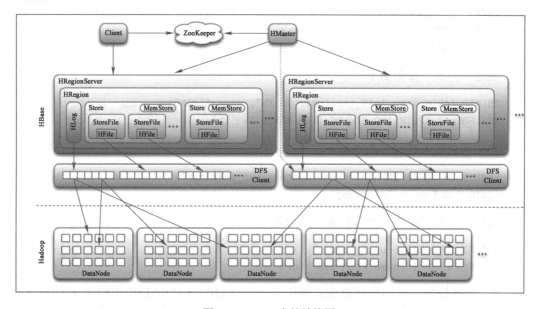

图 5-4　HBase 存储结构图

1）HRegionServer 负责打开 Region，并创建 HRegion 实例，它会为每个表的 HColumnFamily（用户创建表时定义的）创建一个 Store 实例，每个 Store 实例包含一个或多个 StoreFile 实例；它是实际数据存储文件 HFile 的轻量级封装，每个 Store 会对应一个 MemStore。写入数据时数据会先写入 HLog 中，成功后再写入 MemStore 中。MemStore 中的数据因为空间有限，所以需要定期 Flush 到文件 StoreFile 中，每次 Flush 都生成新的 StoreFile。HRegionServer 在处理 Flush 请求时，将数据写成 HFile 文件永久存储到 HDFS 上，并且会存储最后写入的数据序列号。

2）Client：整合 HBase 集群的入口；使用 HBase RPC 机制与 HMaster 和 HRegionServer 通信；与 HMaster 通信进行管理类的操作；与 HRegionServer 通信进行读写类的操作，包含访问 HBase 的接口；Client 维护着一些 Cache 来加快对 HBase 的访问，比如 Region 的位置信息。

3）ZooKeeper：保证任何时候，集群中只有一个 Running Master，Master 与 RegionServers 启动时会向 ZooKeeper 注册。默认情况下，HBase 管理 ZooKeeper 实例，比如，启动或者停止 ZooKeeper 的引入使得 Master 不再是单点故障；存储所有 Region 的寻址入口；实时监控 RegionServer 的状态，将 RegionServer 的上线和下线信息，实时通知给 Master；存储 HBase 的 Schema 和 Table 元数据。

4）HMaster：管理用户对 Table 的增删改查操作；在 RegionSplit 后，负责新 Region 的分配；负责 RegionServer 的负载均衡，调整 Region 分布；在 RegionServer 停机后，负责失效 RegionServer 上 Region 的重新分配。HMaster 失效仅会导致所有元数据无法修改，表达数据读写仍可以正常运行。

5）RegionServer：RegionServer 负责维护 Region，处理这些 Region 的 I/O 请求；RegionServer 负责切分在运行过程中变得过大的 Region。

由图 5-4 可以看出，Client 访问 HBase 上数据的过程并不需要 Master 参与，寻址先访问 ZooKeeper 再访问 RegionServer，数据读写访问 RegionServer。HRegionServer 主要负责响应用户 I/O 请求，向 HDFS 读写数据，是 HBase 中最核心的模块。

5.3.3 HBase 数据模型

逻辑上讲，HBase 的数据模型同关系型数据库很类似，数据存储在一张表中，有行有列。但从 HBase 的底层物理存储结构（K.V）来看，HBase 更像是一个 Multi-dimensional Map（多维表），其逻辑结构如图 5-5 所示。

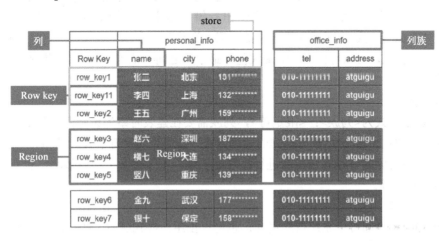

图 5-5　HBase 逻辑结构图

HBase 逻辑模型包括行键、时间戳、列族（一个列族可以包含多个列，列族需要预先定义好不能随意添加，而列族中的列不需要预先定义可以根据需求增加）。

1. HBase 原理

HBase 是基于 HDFS 的，HDFS 有一个问题就是文件不能修改，那么 HBase 数据库是怎么实现增、删、改的？这里要讲到的就是，所有操作都是基于日志的，通过增加记录的形式达到增、删、改的效果。比如说插入新记录，直接写入一条数据即可，那如何修改和删除？可以通过新增一条操作内容的记录达到目的，比如说新增一条标记为删除的记录即可达到删除的目的，修改一条记录即可达到修改数据的目的，这是在硬盘文件里的做法。如果是在内存中，可以执行修改内容的操作，只有当内存达到一定大小的时候才能再写入文件，那写入文件的删除记录是不是就一直保留在那里？其实也不是的，当文件数量增加到一定阈值的时候，会将小文件合并成大文件，在这个过程中就会把删除的记录去掉。

2. 键值存储

HBase 是按列族进行存储的，其中键长度和值长度区分当前存储数据键所在范围和值所在范围，行长度和行信息说明属于哪个行，列族长度和列族信息说明属于哪个列族，列信息说明是哪个列，时间戳说明是哪个版本，键类型说明键的类型，后面值信息就是值的内容。

3. 数据模型组成部分

（1）行键

作为数据在 HBase 里的唯一标识，行键用来作为检索记录的索引，访问表中的行只有三种方式。

1）单行键索引，只通过一个行键进行精确匹配获取数据，虽然只有一个行键，但往往不止一条记录而是有多条记录，每一个行键可以带有多个不同的版本时间戳。

2）给定行键范围索引，这里是指给出行键的范围。如给定行键范围 AAAAA～ZZZZZ，HBase 会把这个区间内的记录都匹配查询获取出来。

3）全表扫描，可以看作是行键最大值和最小值之间的范围访问，是行键范围索引的一个特例。

（2）列族

列的表示形式为<列族>：<限定符>，列族需要在建表时事先设定好，但是列不需要事先设定。列族中的列最后都有相同的读写方式（如等长的字符串），以提高性能，比如说读写，又或者因为有相同结构能进行高性能压缩，不仅提高了存储效率，也有利于数据在 I/O 中的传输。

（3）时间戳

数据提交的时间可由系统自动生成，也可以由用户显式赋值。HBase 保存数据的机制就是跟时间戳有关的，有两种方式。

1）根据时间戳由新到旧的次序排序，取一定数量的时间戳进行保留，比如说有1000 个时间戳，那么按从新到旧的时间戳排序，第 1000 个以后的就会被丢弃掉。

2）根据时间戳由新到旧的次序排序，取一定时间内的时间戳进行保留，比如说 7 天的时间戳，那么超过 7 天的时间戳就会被丢弃掉。

5.4　Kafka 原理及实践

本节主要介绍 Kafka 的概念、使用消息队列的好处、消息队列的两种模式以及 Kafka 的架构体系。

5.4.1　Kafka 定义

Kafka 是一个分布式的基于发布/订阅模式的消息队列（Message Queue），主要应用于大数据实时处理领域。

1. 定义

1）Kafka 的传统定义：Kafka 是一个分布式的基于发布/订阅模式的消息队列，主要用于大数据实时处理。

2）Kafka 的最新定义：Kafka 是一个开源的分布式事件流平台（Event Stream Platform），主要用于高性能数据管道、流分析、数据集成。

2. 消息队列

目前市面上主要的消息队列工具有 Kafka、ActiveMQ、RabbitMQ、RocketMQ 等。Kafka 主要应用于大数据场景下，而在 Java EE 开发中更多采用的是 ActiveMQ、RabbitMQ、RockectMQ。

5.4.2　Kafka 消息队列

1. 使用消息队列的好处

在实际应用中，当消息队列的吞吐量不断增加，整个系统的响应速度、稳定性等性能指标也会大大提升，使用消息队列主要有以下好处。

（1）解耦

允许用户独立地扩展或修改两边的处理过程，只要确保它们遵守同样的接口约束。

（2）可恢复性

系统的一部分组件失效时，不会影响到整个系统。消息队列降低了进程间的耦合度，所以即使一个处理消息的进程挂掉，加入队列中的消息仍然可以在系统恢复后被处理。

（3）缓冲

缓冲有助于控制和优化数据流经过系统的速度，解决生产消息和消费消息处理速度不一致的情况。

（4）灵活性和峰值处理能力

在访问量剧增的情况下，应用仍然需要继续发挥作用，但是这样的突发流量并不常见。如果以能处理这类峰值访问为标准而投入资源随时待命，这无疑会是巨大的浪费。

使用消息队列能够使关键组件顶住突发的访问压力，而不会因为突发的超负荷请求而完全崩溃。

（5）异步通信

很多时候，用户不想也不需要立即处理消息。消息队列提供了异步处理机制，允许用户把一个消息放入队列，但并不立即处理它。向队列中放入消息的数量不会受到限制，然后在需要的时候再去处理它们。

2. 消息队列的两种模式

目前消息队列支持两种模式：点对点模式和发布/订阅模式，具体介绍如下。

（1）点对点模式（一对一，消费者主动拉取数据，收到后消息，消息会被清除）

消息生产者生产消息发送到 Queue 中，随后消息消费者从 Queue 中取出并消费消息。消息被消费以后，Queue 中不再有存储，所以消息消费者不可能消费到已经被消费的消息。Queue 支持存在多个消费者，但是对一个消息而言，只有一个消费者可以消费，流程如图 5-6 所示。

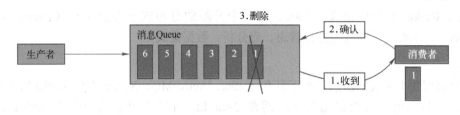

图 5-6　点对点模式

（2）发布/订阅模式（一对多，消费者消费数据之后不会清除消息）

消息生产者（发布）将消息发布到 Topic 中，同时有多个消息消费者（订阅）消费该消息。和点对点方式不同，发布到 Topic 的消息会被所有订阅者消费，流程如图 5-7 所示。

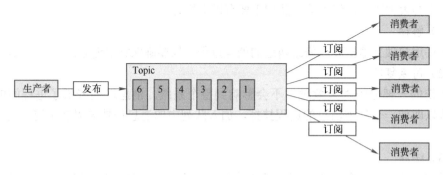

图 5-7　发布/订阅模式

5.4.3　Kafka 基础架构

Kafka 主要包含多个 Producer、多个 Broker、多个 Consumer Group 以及 ZooKeeper

集群，通过分布式协调服务 ZooKeeper 管理集群配置。

1）Producer：消息生产者，即向 Kafka Broker 发消息的客户端。

2）Consumer：消息消费者，即向 Kafka Broker 取消息的客户端。

3）Consumer Group（CG）：消费者组，由多个 Consumer 组成。消费者组内每个消费者负责消费不同分区的数据，一个分区只能由一个组内消费者消费；消费者组之间互不影响。所有的消费者都属于某个消费者组，即消费者组是逻辑上的一个订阅者。

4）Broker：一台 Kafka 服务器就是一个 Broker。一个集群由多个 Broker 组成，一个 Broker 可以容纳多个 Topic。

5）Topic：可以理解为一个队列，生产者和消费者面向的都是一个 Topic。

6）Partition：为了实现扩展性，一个非常大的 Topic 可以分布到多个 Broker（即服务器）上，一个 Topic 可以分为多个 Partition，每个 Partition 均为一个有序队列。

7）Replica：副本。为保证集群中的某个节点发生故障时，该节点上的 Partition 数据不丢失，且 Kafka 仍然能够继续工作，Kafka 提供了副本机制，一个 Topic 的每个分区都有若干个副本，一个 Leader 和若干个 Follower。

8）Leader：每个分区多个副本的"主"，生产者发送数据的对象以及消费者消费数据的对象都是 Leader。

9）Follower：每个分区多个副本中的"从"，实时从 Leader 中同步数据，保持和 Leader 数据的同步。Leader 发生故障时，某个 Follower 会成为新的 Leader。

5.5　Flume 原理及实践

本节主要介绍了 Flume 的定义、核心概念、架构原理以及常用的相关组件。

5.5.1　Flume 简介

Flume 是 Cloudera 提供的一个高可用的、高可靠的、分布式的海量日志采集、聚合和传输的系统，用于收集、聚合和传输大量数据，这些数据来自社交媒体、电商平台、电子邮件等多种不同的数据源。

Flume 基于流式架构，灵活简单，可用于在线分析，支持在各日志系统中定制数据发送方以实现数据收集。Flume 中的核心概念有以下几个。

1）Agent：一个 Agent 就是一个 JVM 进程，一个 Agent 中包含多个 Sources 和 Sinks。

2）Client：生产数据。

3）Source：从 Client 收集数据，传递给 Channel。

4）Channel：主要提供一个队列的功能，对 Source 中提供的数据进行简单的缓存。

5）Sink：从 Channel 收集数据，运行在一个独立线程中。

6）Events：可以是日志记录、Avro 对象等。

5.5.2　Flume 基础架构

Flume 以 Agent 为最小的独立运行单位，以 Event 为单元进行传输。单 Agent 由

Source、Sink 和 Channel 三大组件构成，分别负责源数据采集、聚合数据临时存储、向目标端传输数据，其组成架构如图 5-8 所示。

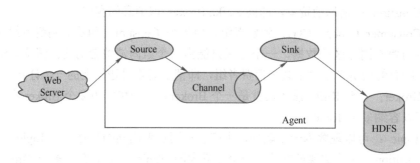

图 5-8　Flume 组成架构

下面详细介绍 Flume 架构中的组件。

（1）Agent

Agent 是一个 JVM 进程，它以事件的形式将数据从源头送至目的。

（2）Source

Source 是负责接收数据到 Flume Agent 的组件。Source 组件可以处理各种类型、各种格式的日志数据，包括 Avro、Thrift、exec、JMS、Spooling Directory、Netcat、Sequence Generator、Syslog、HTTP、Legacy。

（3）Sink

Sink 不断地轮询 Channel 中的事件且批量移除它们，并将这些事件批量写入到存储或索引系统，或者被发送到另一个 Flume Agent。

Sink 组件的目的地包括 HDFS、Logger、Avro、Thrift、IPC、File、HBase、Solr、自定义。

（4）Channel

Channel 是位于 Source 和 Sink 之间的缓冲区，因此，Channel 允许 Source 和 Sink 运作在不同的速率上。Channel 是线程安全的，可以同时处理几个 Source 的写入操作和几个 Sink 的读取操作。

Flume 自带两种 Channel：Memory Channel 和 File Channel。

1）Memory Channel 是内存中的队列，在不需要关心数据丢失的情景下适用。如果需要关心数据丢失，就不应该使用 Memory Channel，因为程序死亡、机器宕机或者重启都会导致数据丢失。

2）File Channel 将所有事件写入到磁盘中，因此，在程序关闭或机器宕机的情况下不会丢失数据。

（5）Event

Event 是传输单元。Flume 数据传输的基本单元，以 Event 的形式将数据从源头送至目的地。Event 由 Header 和 Body 两部分组成，Header 用来存放该 Event 的一些属性，为

K.V 结构；Body 用来存放该条数据，形式为字节数组，其数据结构如图 5-9 所示。

Header(k=v)	Body(byte array)

图 5-9　数据的结构

5.6　实践：搭建基于 **Spark** 的实时大数据平台

本节主要带领读者在系统中安装部署 Spark、MySQL、Hive、HBase、Kafka 和 Flume，并通过两个典型案例介绍了 Spark Streaming 和 Spark MLlib 的应用。

5.6.1　Spark 安装部署

本节内容可通过扩展视频 09 对照学习。

（1）下载安装包

访问 Spark 官网下载安装包，本书选择版本为 2.4.0，包类型为 Pre-built for Apache Hadoop 2.7 and later。将下载好的安装包上传到 centos01 节点的/opt/softwares 目录下。

扩展视频 09

（2）解压安装包

1）执行以下命令，将安装包解压到/opt/modules 目录下。

```
[hadoop@centos01 softwares]$ tar -zxvf spark-2.4.0-bin-hadoop2.7.tgz -C /opt/
modules/
```

2）为了便于后面的操作，使用 mv 命令将 Spark 的目录重命名为 spark。

```
[hadoop@centos01 modules]$ mv spark-2.4.0-bin-hadoop2.7/ spark
```

（3）修改配置文件

1）执行以下命令，编辑配置文件 spark-env.sh。

```
[hadoop@centos01 spark]$ cd conf/
[hadoop@centos01 conf]$ vim spark-env.sh
```

2）向 spark-env.sh 配置文件中添加如下内容。

```
export JAVA_HOME=/opt/modules/jdk1.8.0_144
export SPARK_MASTER_HOST=centos01
export SPARK_MASTER_PORT=7077
```

3）执行以下命令，编辑 slaves 文件。

```
[hadoop@centos01 conf]$ cp slaves.template slaves
[hadoop@centos01 conf]$ vim slaves
```

4）向 slaves 文件中添加如下内容。

```
centos02
centos03
```

（4）分发文件

执行以下命令，向 centos02 和 centos03 节点分发配置文件。

```
[hadoop@centos01 conf]$ scp -r /opt/modules/spark/ centos02:/opt/modules/
[hadoop@centos01 conf]$ scp -r /opt/modules/spark/ centos03:/opt/modules/
```

（5）启动 Spark 集群

1）进入 Spark 安装目录，执行以下命令启动 Spark 集群。

```
[hadoop@centos01 spark]$ sbin/start-all.sh
```

2）分别在三个节点执行以下命令，查看 Spark 集群的启动状态。

```
[hadoop@centos01 spark]$ jps
```

3）在浏览器中输入 centos01:8080，访问 Spark 管理界面，如图 5-10 所示。

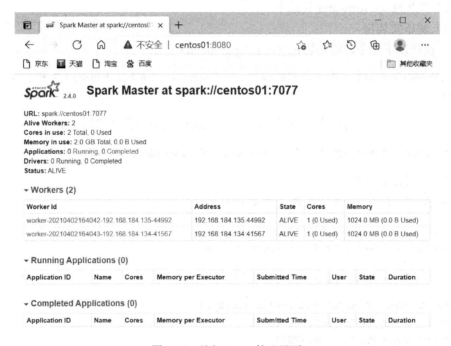

图 5-10　访问 Spark 管理界面

（6）启动 spark-shell

1）执行如下命令，以本地模式启动 spark-shell，启动界面如图 5-11 所示。

```
[hadoop@centos01 bin]$ ./spark-shell
```

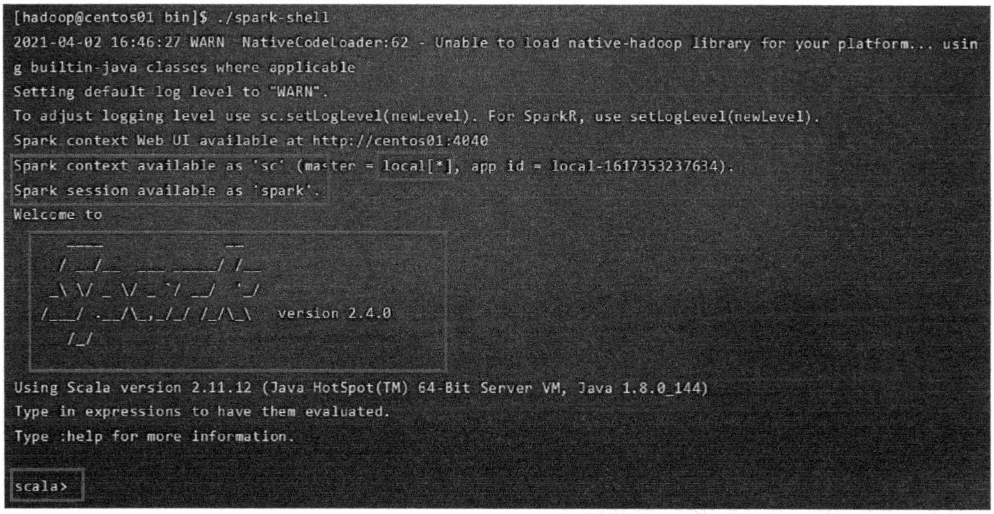

图 5-11　spark-shell 本地模式

2）执行如下命令，以集群模式启动 spark-shell，启动界面如图 5-12 所示。

```
[hadoop@centos01  bin]$  ./spark-shell  --master  spark://centos01:7077  --
executor-memory 512m --total-executor-cores 1
```

在 spark-shell 中，可以使用 Scala 语言或 Python 语言编写程序，本书使用 Scala 语言，关于 Scala 的安装部署在此不再赘述。

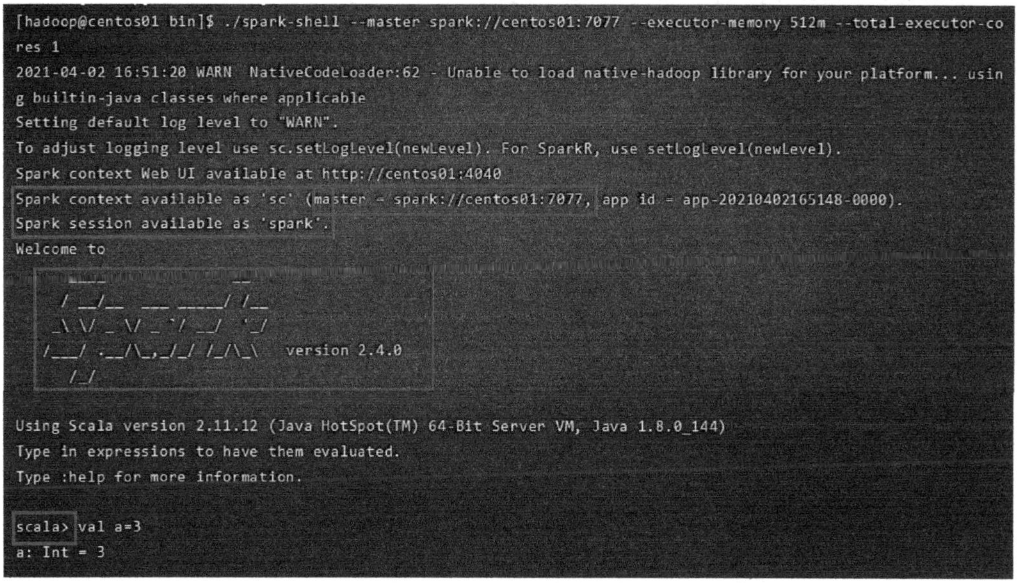

图 5-12　spark-shell 集群模式

5.6.2　MySQL 安装部署

扩展视频 10

本节内容可通过扩展视频 10 对照学习。

（1）上传并解压安装包

1）访问 MySQL 官网，下载安装包 mysql-libs.zip，将其上传到 Linux 系统的/opt/softwares 目录下。

2）执行以下命令，解压 MySQL 安装包。

```
[root@centos01 softwares]# unzip mysql-libs.zip
```

（2）删除安装包

执行以下命令，将安装包从/opt/modules 中删除。

```
[root@centos01 softwares]# rm -rf mysql-libs.zip
```

（3）查看 Hive 中 MySQL 安装状态

1）执行以下命令，查看 Hive 中是否安装 MySQL，若已安装，则需卸载。

```
[root@centos01 modules]$ cd hive/
[root@centos01 hive]$ rpm -qa|grep mysql
```

2）执行以下命令，将 Hive 中的 MySQL 依次卸载（需要切换到 Root 用户）。

```
[hadoop@centos01 hive]$ su root
[root@centos01 /]# rpm -e --nodeps mysql-community-server-5.6.51-2.el7.x86_64
[root@centos01 /]# rpm -e --nodeps mysql-community-client-5.6.51-2.el7.x86_64
[root@centos01 /]# rpm -e --nodeps mysql-community-devel-5.6.51-2.el7.x86_64
[root@centos01 /]# rpm -e --nodeps mysql-community-common-5.6.51-2.el7.x86_64
[root@centos01 /]# rpm -e --nodeps mysql-community-libs-5.6.51-2.el7.x86_64
[root@centos01 /]# rpm -e --nodeps mysql-community-release-el7-5.noarch
```

1. 安装 MySQL 服务端

（1）安装 MySQL 服务端

执行以下命令，进入到 MySQL 安装目录下，安装 MySQL 服务端。

```
[root@centos01 mysql-libs]# rpm -ivh MySQL-server-5.6.24-1.el6.x86_64.rpm
```

（2）查看产生的随机密码

执行以下命令，查看 MySQL 产生的随机密码。

```
[root@centos01 mysql-libs]# cat /root/.mysql_secret
```

（3）查看 MySQL 状态

执行以下命令，查看 MySQL 是否处于运行状态。

```
[root@centos01 mysql-libs]# service mysql status
```

（4）启动 MySQL

执行以下命令，启动 MySQL 服务，启动成功则显示"Starting MySQL..SUCCESS!"。

```
[root@centos01 mysql-libs]# service mysql start
```

2. 安装 MySQL 客户端

（1）安装 MySQL 客户端

执行以下命令，进入到 MySQL 安装目录下，安装 MySQL 客户端。

```
[root@centos01 mysql-libs]# rpm -ivh MySQL-client-5.6.24-1.el6.x86_64.rpm
```

（2）链接 MySQL

执行以下命令，链接 MySQL。

```
[root@centos01 mysql-libs]# mysql -uroot -p7mAbLa8aKHltD3Dr
```

（3）修改密码

执行以下命令，修改密码为 root，再次登录使用新密码，即执行命令 mysql -uroot -proot。

```
mysql> SET PASSWORD=PASSWORD('root');
```

（4）退出 MySQL

具体命令如下。

```
mysql> quit;
```

5.6.3 Hive 安装部署

本节内容可通过扩展视频 11 对照学习。

Hive 官网地址为 http://hive.apache.org/。文档查看地址为 https://cwiki.apache.org/confluence/display/Hive/GettingStarted。下载地址为 http://archive.apache.org/dist/hive/。GitHub 地址为 https://github.com/apache/hive。

扩展视频 11

（1）Hive 安装及配置

1）将 apache-hive-2.3.3-bin.tar.gz 上传到 Linux 系统的/opt/softwares 目录下。

2）将 apache-hive-2.3.3-bin.tar.gz 解压到/opt/modules 目录下，命令如下。

```
[root@centos01 softwares]# tar -zxvf apache-hive-2.3.3-bin.tar.gz -C /opt/modules/
```

3）为便于操作，使用 mv 命令修改 apache-hive-2.3.3-bin.tar.gz 为 hive。

```
[root@centos01 modules]# mv apache-hive-2.3.3-bin/ hive
```

将 opt/modules/hive/conf 目录下的 hive-env.sh.template 名称改为 hive-env.sh，命令如下。

```
[root@centos01 conf]# mv hive-env.sh.template hive-env.sh
```

4）修改 hive-env.sh 文件配置，命令如下。

```
[root@centos01 conf]# vim hive-env.sh
#配置 HADOOP_HOME 路径和 HIVE_CONF_DIR 路径
export HADOOP_HOME=/opt/modules/hadoop-2.8.2
export HIVE_CONF_DIR=/opt/modules/hive/conf
```

（2）Hadoop 集群配置

1）在不同节点上执行以下命令，启动 HDFS 和 YARN。

注意：由于本书 Resource Manager 在 centos02 节点上，故 YARN 集群在 centos02 节点启动。

```
[root@centos01 hadoop-2.8.2]# sbin/start-dfs.sh
[root@centos02 hadoop-2.8.2]# sbin/start-yarn.sh
```

2）在 HDFS 上创建/tmp 和/user/hive/warehouse 两个目录，命令如下。

```
[root@centos01 hadoop-2.8.2]# bin/hadoop fs -mkdir /tmp
[root@centos01 hadoop-2.8.2]# bin/hadoop fs -mkdir -p /user/hive/warehouse
```

在 HDFS 上查看目录是否创建成功，如图 5-13 所示。

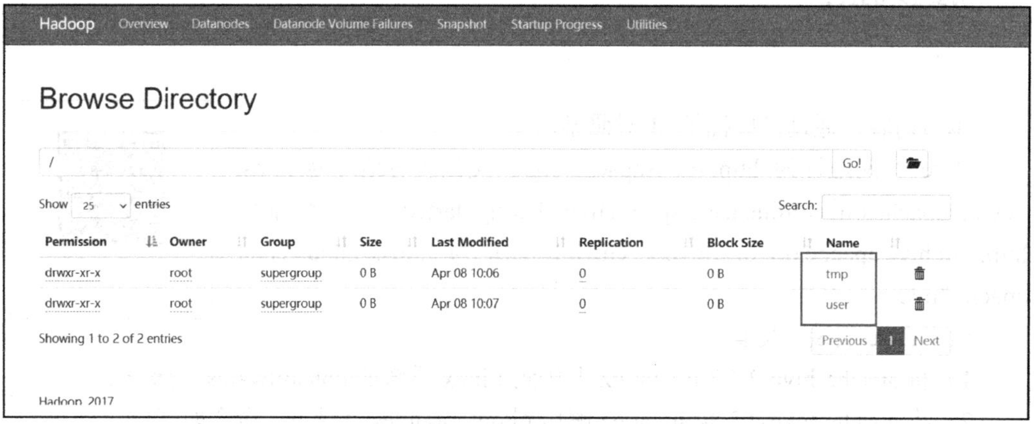

图 5-13　HDFS 文件系统

3）执行以下命令，赋予上述创建的两文件夹同组可写权限。

```
[root@centos01 hadoop-2.8.2]# bin/hadoop fs -chmod g+w /tmp
[root@centos01 hadoop-2.8.2]# bin/hadoop fs -chmod g+w /user/hive/warehouse
```

5.6.4 HBase 安装部署

本节视频可通过扩展视频 12 对照学习。

1. 安装并配置 HBase

（1）上传并解压安装包

1）将 hbase-1.3.1-bin.tar.gz 上传到 Linux 系统的/opt/softwares 目
录下。

扩展视频 12

2）执行以下命令，将 HBase 安装包解压至/opt/modules 目录下。

```
[root@centos01 softwares]# tar -zxvf hbase-1.3.1-bin.tar.gz -C /opt/modules
```

（2）修改配置文件 hbase-env.sh

1）执行以下命令，打开 hbase-env.sh 配置文件。

```
[root@centos01 conf]# vim hbase-env.sh
```

2）向配置文件中添加如下内容。

```
export JAVA_HOME=/opt/modules/jdk1.8.0_144
export HBASE_MANAGES_ZK=false
```

3）注释掉以下内容。

```
#Configure PermSize. Only needed in JDK7. You can safely remove it for JDK8+
#export HBASE_MASTER_OPTS="$HBASE_MASTER_OPTS-XX:PermSize=128m-XX:MaxPermSize=
128m"
 #export HBASE_REGIONSERVER_OPTS="$HBASE_REGIONSERVER_OPTS -XX:PermSize=128m -
XX:MaxPermSize=128m"
```

（3）修改配置文件 hbase-site.xml

1）执行以下命令，打开 hbase-site.xml 配置文件。

```
[hadoop@centos01 conf]# vim hbase-site.xml
```

2）向配置文件中添加如下内容。

```
<configuration>
<property>
<name>hbase.rootdir</name>
<value>hdfs://centos01:9000/HBase</value>
</property>
<property>
<name>hbase.cluster.distributed</name>
<value>true</value>
</property>
<property>
<name>hbase.master.port</name>
```

```
<value>16000</value>
</property>
<property>
<name>hbase.zookeeper.quorum</name>
<value>centos01,centos02,centos03</value>
</property>
<property>
<name>hbase.zookeeper.property.dataDir</name>
<value>/opt/modules/zookeeper-3.4.10/zkData</value>
</property>
</configuration>
```

（4）修改配置文件 regionservers

1）修改 regionservers 和修改 slaves 目的一样，执行以下命令，打开 regionservers 文件。

```
[root@centos01 conf]# vim regionservers
```

2）向配置文件中添加如下内容。

```
centos01
centos02
centos03
```

（5）配置 HBase 环境变量

1）分别在 centos01、centos02、centos03 节点上进行配置，打开/etc/profile 文件。

```
[root@hadoop ~]# vim /etc/profile
```

2）向配置文件中添加如下内容。

```
export HBASE_HOME=/opt/modules/hbase-1.3.1
export PATH=$PATH:$HBASE_HOME/bin
```

3）配置完成后，执行以下命令对环境变量进行刷新。

```
[root@hadoop ~]# source /etc/profile
```

（6）软连接

执行以下命令，将 Hadoop 配置文件软连接到 HBase。

```
[root@centos01conf]#ln  -s  /opt/modules/hadoop-2.8.2/etc/hadoop/core-site.xml
/opt/modules/hbase-1.3.1/conf/core-site.xml
    [root@centos01 conf]#ln -s /opt/modules/hadoop-2.8.2/etc/hadoop/hdfs-site.xml
/opt/modules/hbase-1.3.1/conf/hdfs-site.xml
```

（7）将 HBase 远程分发到其他集群

执行以下命令，将 HBase 相关文件分发至其他节点。

```
[root@centos01conf]#scp -r /opt/modules/hbase-1.3.1 root@centos02:/opt/modules/
```

```
[root@centos01conf]#scp -r /opt/modules/hbase-1.3.1 root@centos03:/opt/modules/
```

2. 启动 HBase 服务

（1）删除.cmd 文件

1）删除前查看 bin 目录下的.cmd 文件（hbase.cmd、start-hbase.cmd、stop-hbase.cmd）。

```
[root@centos01hbase-1.3.1]#cd bin
[root@centos01 bin]# ll
```

2）执行以下命令，删除 bin 目录下.cmd 文件。

```
[root@centos01 bin]# rm -rf *.cmd
```

（2）启动 Hadoop 和 ZooKeeper 集群

执行下列命令，启动 HDFS，并分别在三个节点上启动 ZooKeeper。

```
[root@centos01 hadoop-2.8.2]# sbin/start-dfs.sh
[root@centos01hadoop-2.8.2]# cd /opt/modules/zookeeper-3.4.10/
[root@centos01 zookeeper-3.4.10]# bin/zkServer.sh start
[root@centos02 zookeeper-3.4.10]# bin/zkServer.sh start
[root@centos03 zookeeper-3.4.10]# bin/zkServer.sh start
```

（3）启动 HBase

1）启动方式一：单节点启动。

● 首先执行以下命令，启动 Master。

```
[root@centos01 hbase-1.3.1]# bin/hbase-daemon.sh start master
```

● 在浏览器上访问 centos01:16010，查看 HBase 启动状态，如图 5-14 所示。

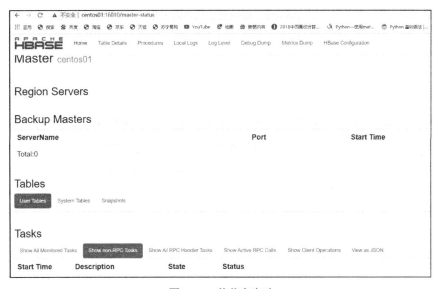

图 5-14　单节点启动

145
```
```

- 执行下列命令，启动一个 regionserver。

```
[root@centos01 hbase-1.3.1]# bin/hbase-daemon.sh start regionserver
```

- 此时 Web 页面上 Region Servers 出现一条记录，系统 Table 里出现两条记录，分别如图 5-15 和图 5-16 所示。

图 5-15　Region Servers 显示结果 1

Tables

User Tables　　**System Tables**　　Snapshots

Table Name	Description
hbase:meta	The hbase:meta table holds references to all User Table regions.
hbase:namespace	The hbase:namespace table holds information about namespaces.

图 5-16　系统 Table 显示结果

- 在 centos02 上执行以下命令，启动 regionserver。

```
[root@centos02 hbase-1.3.1]# bin/hbase-daemon.sh start regionserver
```

- 刷新，发现 Region Servers 多出一条记录，如图 5-17 所示。

Region Servers

Base Stats　　Memory　　Requests　　Storefiles　　Compactions

ServerName	Start time	Version	Requests Per Second	Num. Regions
centos01,16020,1617868719359	Thu Apr 08 15:58:39 CST 2021	1.3.1	0	2
centos02,16020,1617868921073	Thu Apr 08 16:02:01 CST 2021	1.3.1	0	0
Total:2			0	2

图 5-17　Region Servers 显示结果 2

2) 启动方式二: 群起 HBase 服务。

注意: 在启动 HBase 集群之前,必须要保证集群中各个节点的时间是同步的,若不同步会抛出 ClockOutOfSyncException 异常,导致从节点无法启动。

● 执行以下命令,启动 HBase 集群,群起结果如图 5-18 所示。

```
[root@centos01 hbase-1.3.1]# bin/start-hbase.sh
```

Region Servers

Base Stats | Memory | Requests | Storefiles | Compactions

ServerName	Start time	Version	Requests Per Second	Num. Regions
centos01,16020,1617869252200	Thu Apr 08 16:07:32 CST 2021	1.3.1	0	1
centos02,16020,1617869245068	Thu Apr 08 16:07:25 CST 2021	1.3.1	0	0
centos03,16020,1617869245274	Thu Apr 08 16:07:25 CST 2021	1.3.1	0	1
Total:3			0	2

图 5-18 HBase 群起结果

● 执行以下命令,关闭 HBase 服务。

```
[root@centos01 hbase-1.3.1]# bin/stop-hbase.sh
```

注意: 关闭 HBase 时后面的省略号一般控制在一行以内,如果达到了 3、4 行,很有可能是 Master 节点出现故障,就要按〈Ctrl+C〉键退出,查看 Master 日志解决故障。

扩展视频 13

5.6.5 Kafka 安装部署

本节内容可通过扩展视频 13 对照学习。

配置 Kafka 首先需要对集群进行规划,集群规划表见表 5-1。

表 5-1 Kafka 集群规划表

centos01	centos02	centos03
ZooKeeper	ZooKeeper	ZooKeeper
Kafka	Kafka	Kafka

(1) 上传并解压安装包

1) 将 kafka_2.11-0.10.2.0.tgz 上传到 Linux 系统的/opt/softwares 目录下。

2) 执行以下命令,将 Kafka 安装包解压至/opt/modules 目录下。

```
[root@centos01softwares]#tar -zxvf kafka_2.11-0.10.2.0.tgz -C /opt/modules/
```

(2) 修改解压后的文件名称

执行以下命令,将 kafka_2.11-0.10.2.0 文件夹名更改为 kafka。

```
[root@centos01 modules]#mv kafka_2.11-0.10.2.0 kafka
```

（3）创建 logs 文件夹

进入/opt/modules/kafka 目录下，执行以下命令，创建 logs 文件夹。

```
[root@centos01 kafka]# mkdir logs
```

（4）修改配置文件

1）执行下列命令，打开 server.properties 文件。

```
[root@centos01 kafka]# cd config/
[root@centos01 config]# vim server.properties
```

2）在配置文件中修改以下内容。

```
#broker 的全局唯一编号，不能重复
broker.id=0
#删除 topic 功能
delete.topic.enable=true
#处理网络请求的线程数量
num.network.threads=3
#用来处理磁盘 I/O 的现成数量
num.io.threads=8
#发送套接字的缓冲区大小
socket.send.buffer.bytes=102400
#接收套接字的缓冲区大小
socket.receive.buffer.bytes=102400
#请求套接字的缓冲区大小
socket.request.max.bytes=104857600
#Kafka 运行日志存放的路径
log.dirs=/opt/modules/kafka/logs
#topic 在当前 broker 上的分区个数
num.partitions=1
#用来恢复和清理 data 下数据的线程数量
num.recovery.threads.per.data.dir=1
#segment 文件保留的最长时间，超时将被删除
log.retention.hours=168
#配置连接 ZooKeeper 集群地址
zookeeper.connect=centos01:2181,centos02:2181,centos03:2181
```

（5）配置环境变量

1）执行下列命令，打开/etc/profile 文件。

```
[root@centos01config]# vim /etc/profile
```

添加以下内容。

148

```
#KAFKA_HOME
export KAFKA_HOME=/opt/modules/kafka
export PATH=$PATH:$KAFKA_HOME/bin
```

2）刷新/etc/profile 文件，使修改生效。

```
[root@centos01config]# source /etc/profile
```

（6）分发安装包

执行下列命令，将 Kafka 相关文件分发至其他节点。

```
[root@centos01 module]$ scp -r /opt/modules/kafka root@centos02:/opt/modules/
[root@centos01 module]$ scp -r /opt/modules/kafka root@centos03:/opt/modules/
```

注意：分发之后需要配置其他机器的环境变量，参照第（5）步。

（7）修改 Kafka 配置文件

1）在 centos02 和 centos03 节点上分别编辑/opt/modules/kafka/config/下的 server. properties。

2）分别修改配置文件中的 broker.id=1、broker.id=2。

注意：broker.id 不得重复。

（8）启动 Kafka

1）启动 Kafka 前要先启动 ZooKeeper 集群。

2）依次在 centos01、centos02、centos03 节点上启动 Kafka，命令如下。

```
[root@centos01 kafka]#bin/kafka-server-start.sh -daemon config/server.properties
[root@centos02 kafka]#bin/kafka-server-start.sh -daemon config/server.properties
[root@centos03 kafka]#bin/kafka-server-start.sh -daemon config/server.properties
```

（9）关闭集群

1）分别在 centos01、centos02、centos03 节点上停止 Kafka，命令如下。

```
[root@centos01 kafka]# bin/kafka-server-stop.sh stop
[root@centos02 kafka]# bin/kafka-server-stop.sh stop
[root@centos03 kafka]# bin/kafka-server-stop.sh stop
```

2）关闭集群后稍等一段时间再查看进程，命令如下。

```
[root@centos01 kafka]# jps
[root@centos02 kafka]# jps
[root@centos03 kafka]# jps
```

5.6.6 Flume 安装部署

本节内容可通过扩展视频 14 对照学习。

扩展视频 14

（1）上传并解压安装包

1）将 apache-flume-1.7.0-bin.tar.gz 上传到 Linux 系统的/opt/softwares/目录下。

2）将安装包解压到/opt/modules/目录下，命令如下。

```
[root@centos01 softwares]#tar -zxf apache-flume-1.7.0-bin.tar.gz -C /opt/modules/
```

（2）更改文件名称

1）为便于操作，修改 apache-flume-1.7.0-bin 的名称为 flume，命令如下。

```
[root@centos01 modules]# mv apache-flume-1.7.0-bin flume
```

2）将 flume/conf 目录下的 flume-env.sh.template 文件名修改为 flume-env.sh，命令如下。

```
[root@centos01 conf]#mv flume-env.sh.template flume-env.sh
```

（3）修改配置文件 flume-env.sh

1）执行以下命令，打开 flume-env.sh 文件。

```
[root@centos01 conf]# vim flume-env.sh
```

2）向配置文件中添加如下内容。

```
export JAVA_HOME=/opt/modules/jdk1.8.0_144
```

5.6.7　Spark 集群典型应用

1．Spark Streaming 整合 Kafka

Kafka 作为一个实时的分布式消息队列，实时地生产和消费消息。在大数据计算框架中，可利用 Spark Streaming 实时读取 Kafka 中的数据，再进行相关计算。KafkaUtils 中提供了两种创建 DStream 的方式，一种是 KafkaUtils.createDstream 方式，另一种是 KafkaUtils.createDirectStream 方式。本节使用 KafkaUtils.createDirectStream 方式实现词频统计。

在接收数据时，它会定期从 Kafka 的 Topic 对应 Partition 中查询最新的偏移量，再根据偏移量范围在每个 Batch 里面处理数据，然后 Spark 通过调用 Kafka 简单的消费者 API（即低级 API）来读取一定范围的数据。

（1）创建 Maven 项目并导入依赖

首先创建一个名为 Spark_Kafka 的 Maven 项目，其次，在 pom.xml 文件中添加 Spark Streaming 整合 Kafka 的依赖。具体内容如下。

```
#添加 Spark Streaming 整合 Kafka 的依赖
<dependency>
<groupId>org.apache.spark</groupId>
<artifactId>spark-streaming-kafka-0-8_2.11</artifactId>
```

```
<version>2.3.2</version>
</dependency>
```

（2）创建 Scala 类

在项目的 /src/main/scala 目录下，创建 cn.itcast.dstream 包，在包下创建名为"SparkStreaming_Kafka_createDirectStream"的 Scala 类，用来编写 Spark Streaming 应用程序实现词频统计。具体实现代码如下。

```
package cn.itcast.dstream
import kafka.serializer.StringDecoder
import org.apache.spark.streaming.dstream.{DStream, InputDStream}
import org.apache.spark.streaming.kafka.KafkaUtils
import org.apache.spark.streaming.{Seconds, StreamingContext}
import org.apache.spark.{SparkConf, SparkContext}
import scala.collection.immutable
object SparkStreaming_Kafka_createDirectStream {
  def main(args: Array[String]): Unit= {
    //1.创建 SparkConf,并开启 wal 预写日志,保存数据源
    val sparkConf: SparkConf = new SparkConf()
      .setAppName("SparkStreaming_Kafka_createDirectStream")
      .setMaster("local[2]")
    //2.创建 SparkContext
    val sc = new SparkContext(sparkConf)
    //3.设置日志级别
    sc.setLogLevel("WARN")
    //4.创建 StreamingContext
    val ssc = new StreamingContext(sc, Seconds(5))
    //5.设置 checkpoint,设置检查点目录
    ssc.checkpoint("./Kafka_Direct")
    //6.定义 Kafka 相关参数
    valkafkaParams=Map("metadata.broker.list"->
        "centos01:9092,centos02:9092,centos03:9092","group.id"->"spark_
direct")
    //7.定义 topic
    val topics = Set("kafka_direct0")
    //8.通过低级 API 方式将 Kafka 与 SparkStreaming 进行整合
     val dstream: InputDStream[(String, String)] =
    KafkaUtils.createDirectStream[String,String,StringDecoder,StringDecoder](ssc,
kafkaParams,topics)
    //9.获取 topic 中的数据
    val topicData: DStream[String] = dstream.map(_._2)
    //10.按空格切分每一行,并将切分的单词出现次数记录为 1
    val wordAndOne: DStream[(String, Int)] = topicData.flatMap(_.split(" ")).
map((_, 1))
```

```
//11.统计单词在全局中出现的次数
val result: DStream[(String, Int)] = wordAndOne.reduceByKey(_ + _)
//12.打印输出结果
result.print()
//13.开启流式计算
ssc.start()
ssc.awaitTermination()
    }
}
```

（3）启动 Kafka 集群

1）启动 Kafka 集群前需要启动 ZooKeeper 集群。

2）分别在三台机器上执行以下命令，启动 Kafka 集群。

```
[root@centos01 kafka]# bin/kafka-server-start.sh -daemon config/server.properties
[root@centos02 kafka]# bin/kafka-server-start.sh -daemon config/server.properties
[root@centos03 kafka]# bin/kafka-server-start.sh -daemon config/server.properties
```

（4）创建 Topic 和生产者

1）在任意机器上执行以下命令，创建一个名为"kafka_direct0"的 Topic，设置分区数为 3，备份数为 1，指定 ZooKeeper 集群的地址。

```
[root@centos01 kafka]# kafka-topics.sh --create --partitions 3 --replication-
factor 1--zookeeper centos01:2181,centos02:2181,centos03:2181/kafka--topic kafka_
direct0
```

2）运行（2）中的代码，在任意机器上执行以下命令，启动 Kafka 生产者，生产数据。

```
[root@centos01 kafka]# kafka-console-producer.sh --broker-list\centos01:9092,
centos02:9092,centos03:9092 --topic kafka_direct0
>hadoop spark hbase kafka spark
>kafka itcast itcast spark kafka spark kafka
```

注意：生产数据的间隔应在 5s 以内。

打开 IDEA，可以看到控制台输出结果如图 5-19 所示。

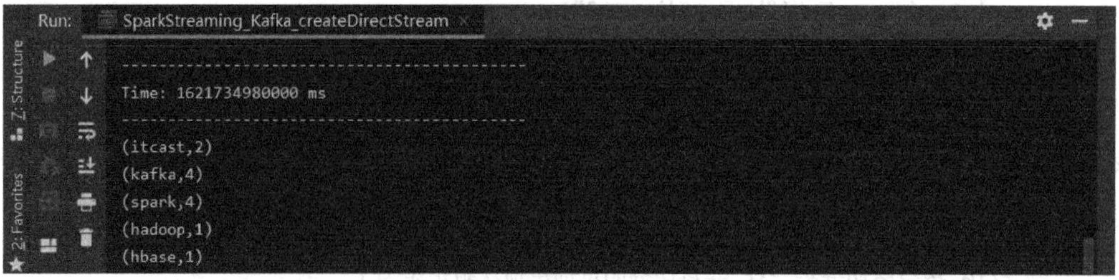

图 5-19 控制台输出结果

2．Spark MLlib 数据分析案例——精确营销

（1）数据集准备

数据分析的第一步是了解数据，对数据进行解析或转换，以便在 Spark 中进行分析。Spark MLlib 的 ALS 算法要求用户和产品的 ID 必须都是数值型，并且是 32 位非负整数，以下准备的数据集完全符合 Spark MLlib 的 ALS 算法要求，不必进行转换，可直接使用。本例中将准备好的数据集存储在本地目录/movie。

1）用户数据（users.dat）如下。

```
用户 ID::性别::年龄::职业编号::邮编
6031::F::18::0::45123
6032::M::45::7::55108
6033::M::50::13::78232
6034::M::25::14::94117
6035::F::25::1::78734
6036::F::25::15::32603
6037::F::45::1::76006
6038::F::56::1::14706
6039::F::45::0::01060
6040::M::25::6::11106
```

2）电影数据（movies.dat）如下。

```
电影 ID::电影名称::电影种类
3943::Bamboozled (2000)::Comedy
3944::Bootmen (2000)::Comedy|Drama
3945::Digimon: The Movie (2000)::Adventure|Animation|Children's
3946::Get Carter (2000)::Action|Drama|Thriller
3947::Get Carter (1971)::Thriller
3948::Meet the Parents (2000)::Comedy
3949::Requiem for a Dream (2000)::Drama
3950::Tigerland (2000)::Drama
3951::Two Family House (2000)::Drama
3952::Contender, The (2000)::Drama|Thriller
```

3）评分数据（ratings.dat）如下。

```
用户 ID::电影 ID::评分::时间
6040::2022::5::956716207
6040::2028::5::956704519
6040::1080::4::957717322
6040::1089::4::956704996
6040::1090::3::956715518
6040::1091::1::956716541
6040::1094::5::956704887
6040::562::5::956704746
```

```
6040::1096::4::956715648
6040::1097::4::956715569
```

4）我的评分数据（test.dat）如下。

```
用户ID::电影ID::评分::时间
0::780::4::1409495135
0::590::3::1409495135
0::1210::4::1409495135
0::648::5::1409495135
0::344::3::1409495135
0::165::4::1409495135
0::153::5::1409495135
0::597::4::1409495135
0::1580::5::1409495135
```

（2）上传数据集

1）执行以下命令，将以上数据文件上传至 HDFS。

```
[root@centos01 ~]# cd /opt/modules/hadoop-2.8.2/bin
[root@centos01 hadoop-2.8.2]# bin/hdfs dfs -copyFromLocal /movie/ /
```

2）进入 HDFS，查看是否上传成功，如图 5-20 所示。

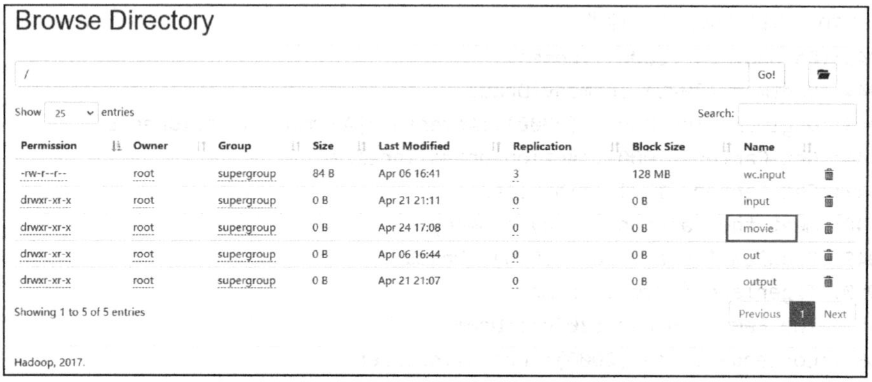

Permission	Owner	Group	Size	Last Modified	Replication	Block Size	Name	
-rw-r--r--	root	supergroup	84 B	Apr 06 16:41	3	128 MB	wc.input	🗑
drwxr-xr-x	root	supergroup	0 B	Apr 21 21:11	0	0 B	input	🗑
drwxr-xr-x	root	supergroup	0 B	Apr 24 17:08	0	0 B	movie	🗑
drwxr-xr-x	root	supergroup	0 B	Apr 06 16:44	0	0 B	out	🗑
drwxr-xr-x	root	supergroup	0 B	Apr 21 21:07	0	0 B	output	🗑

图 5-20　HDFS 中上传的数据文件界面

（3）代码实现

1）为防止 Shell 端 INFO 日志刷屏，影响查看打印信息，修改打印日志级别。

● 进入 /opt/modules/spark/conf 目录，将 log4j.properties.template 文件名修改为 log4j.properties。

```
[root@centos01 ~]# cd /opt/modules/spark/conf
[root@centos01 conf]# mv log4j.properties.template log4j.properties
[root@centos01 conf]# vim log4j.properties
```

● 在文件中添加如下配置项。

```
log4j.rootCategory=WARN, console
```

2）进入/opt/modules/spark/bin 目录，执行以下命令，启动 spark-shell。

```
[root@centos01 bin]# ./spark-shell
```

3）在 spark-shell 命令行输入代码，具体代码如下。

```
/** 导入 Spark 机器学习推荐算法相关包 **/
import  org.apache.spark.mllib.recommendation.{ALS, Rating, MatrixFactorization-
Model}
import org.apache.spark.rdd.RDD
/** 定义函数，校验集预测数据和实际数据之间的均方根误差，后面会调用此函数 **/
def computeRmse(model:MatrixFactorizationModel,data:RDD[Rating],n:Long):Double = {
  val predictions:RDD[Rating] = model.predict((data.map(x => (x.user,x.product))))
  val predictionsAndRatings = predictions.map{ x =>((x.user,x.product),x.rating)}
                        .join(data.map(x => ((x.user,x.product), x.rating))).values
  math.sqrt(predictionsAndRatings.map( x => (x._1 - x._2) * (x._1 - x._2)).
reduce(_+_)/n)
}
/** 加载数据 **/
//1.我的评分数据(test.dat),转成 Rating 格式，即（用户 id，电影 id，评分）
val myRatingsRDD = sc.textFile("/movie/test.dat").map {
  line =>        val fields = line.split("::")
    // format: Rating(userId, movieId, rating)
    Rating(fields(0).toInt, fields(1).toInt, fields(2).toDouble)
}
//2.样本评分数据(ratings.dat)，其中最后一列 Timestamp 取除 10 的余数作为 key,
Rating 为值，即(Int，Rating)，以备后续数据切分
val ratings = sc.textFile("/movie/ratings.dat").map {
  line =>        val fields = line.split("::")
    // format: (timestamp % 10, Rating(userId, movieId, rating))
    (fields(3).toLong % 10,  Rating(fields(0).toInt,  fields(1).toInt,  fields(2).
toDouble))
}
//3.电影数据(movies.dat)(电影 ID->电影标题)
val movies = sc.textFile("/movie/movies.dat").map {
  line => val fields = line.split("::")
    // format: (movieId, movieName)
    (fields(0).toInt, fields(1))
}.collect().toMap
/** 统计所有用户数量和电影数量以及用户对电影的评分数目 **/
val numRatings = ratings.count()
```

```scala
    val numUsers = ratings.map(_._2.user).distinct().count()
    val numMovies = ratings.map(_._2.product).distinct().count()
    println("total number of rating data: " + numRatings)
    println("number of users participating in the score: " + numUsers)
    println("number of participating movie data: " + numMovies)
```
/** 将样本评分表以 key 值切分成 3 个部分，分别用于训练（60%，并加入我的评分数据）、校验（20%）以及测试（20%） **/
```scala
    //定义分区数，即数据并行度
    val numPartitions = 4
    //因为以下数据在计算过程中要多次应用到，所以 cache 到内存
    //训练数据集，包含我的评分数据
    val training = ratings.filter(x => x._1 < 6).values.union(myRatingsRDD)
                          .repartition(numPartitions).persist()
    //验证数据集
    val validation = ratings.filter(x => x._1 >= 6 && x._1 < 8).values
                           .repartition(numPartitions).persist()
    //测试数据集
    val test = ratings.filter(x => x._1 >= 8).values.persist()
    //统计各数据集数量
    val numTraining = training.count()
    val numValidation = validation.count()
    val numTest = test.count()
    println("the number of scoring data for training) (including my score data): "
+ numTraining)
    println("number of rating data as validation: " + numValidation)
    println("number of rating data as a test: " + numTest)
```
/** 训练不同参数下的模型，获取最佳模型 **/
```scala
    //设置训练参数及最佳模型初始化值
    //模型的潜在因素的个数，即 U 和 V 矩阵的列数，也叫矩阵的阶
    val ranks = List(8, 12)
    //标准的过拟合参数
    val lambdas = List(0.1, 10.0)
    //矩阵分解迭代次数，次数越多花费时间越长，分解的结果也可能会更好
    val numIters = List(10, 20)
    var bestModel: Option[MatrixFactorizationModel] = None
    var bestValidationRmse = Double.MaxValue
    var bestRank = 0
    var bestLambda = -1.0
    var bestNumIter = -1
    //根据设定的训练参数对训练数据集进行训练
    for (rank <- ranks; lambda <- lambdas; numIter <- numIters) {
      //计算模型
```

156

```scala
    val model = ALS.train(training, rank, numIter, lambda)
    //计算针对校验集的预测数据和实际数据之间的均方根误差
    val validationRmse = computeRmse(model, validation, numValidation)
    println("Root mean square: " + validationRmse + " Parameter: --rank = "
      + rank + " --lambda = " + lambda + " --numIter = " + numIter + ".")
    //均方根误差最小的为最佳模型
    if (validationRmse < bestValidationRmse) {
      bestModel = Some(model)
      bestValidationRmse = validationRmse
      bestRank = rank
      bestLambda = lambda
      bestNumIter = numIter
    }
  }
  /** 用训练的最佳模型预测评分并评估模型准确度 **/
```

//训练完成后，用最佳模型预测测试集的评分，并计算和实际评分之间的均方根误差
（RMSE）

```scala
  val testRmse = computeRmse(bestModel.get, test, numTest)
  println("Optimal model parameters --rank = " + bestRank + " --lambda = " +
bestLambda + " --numIter = " + bestNumIter + " \nThe root mean square between the
predicted data and the real data under the optimal model: " + testRmse + ".")
```

//创建一个用均值预测的评分，并与最好的模型进行比较，这个 mean（）方法在
DoubleRDDFunctions 中，求平均值

```scala
  val meanRating = training.union(validation).map(_.rating).mean
  val baselineRmse = math.sqrt(test.map(x => (meanRating - x.rating) *
(meanRating - x.rating))
                                          .reduce(_ + _) / numTest)
  println("Root mean square between mean prediction data and real data: "+
baselineRmse + ".")
  val improvement = (baselineRmse - testRmse) / baselineRmse * 100
  println("The accuracy of the prediction data of the best model with
respect to the mean prediction data: " + "%1.2f".format(improvement) + "%.")
  //向我推荐十部最感兴趣的电影
  val recommendations = bestModel.get.recommendProducts(0,10)
  //打印推荐结果
  var i = 1
  println("10 films recommended to me:")
  recommendations.foreach { r => println("%2d".format(i) + ": " +
movies(r.product))
    i += 1
  }
```

4）模型训练时间较长，所以需耐心等待上述代码运行结束，最终运行结果如图 5-21 所示。结果显示，程序已实现十部最感兴趣电影的推荐。

```
1: Chushingura (1962)
2: Love Serenade (1996)
3: Inferno (1980)
4: Raiders of the Lost Ark (1981)
5: First Love, Last Rites (1997)
6: Bewegte Mann, Der (1994)
7: Bandits (1997)
8: Terminator 2: Judgment Day (1991)
9: Die Hard (1988)
10: Big Trees, The (1952)
```

图 5-21　十部最感兴趣电影的推荐结果

本章小结

本章主要介绍了 Spark、Hive、HBase、Kafka 及 Flume 组件的核心机制以及基于 Spark 的实时大数据平台的搭建。本章的重点是了解各组件的工作机制，掌握各组件的架构原理，使读者可以自己动手搭建集群，并能利用任意两组件进行联动。

本章练习

一、选择题

1．以下哪个工具最早是 Cloudera 提供的日志收集系统，目前是 Apache 下的一个孵化项目，支持在日志系统中定制各类数据发送方，用于收集数据？（　　）

A．Flume
B．ZooKeeper
C．Storm
D．Spark Streaming

2．作为分布式消息队列，既有很高的吞吐量，又有较高的可靠性和扩展性，同时接受 Spark Streaming 的请求，将流量日志按序发送给 Spark Streaming 集群的是以下哪个组件？（　　）

A．Flume
B．ZooKeeper
C．Storm
D．Spark Streaming

3．Spark 组成部件包括以下哪项？（多选）（　　）

A．Resource Manager
B．Executor
C．Driver
D．RDD

4．下面不属于 Spark 四大组件的有？（多选）（　　）

A．Spark R
B．MLlib
C．PySpark
D．Spark Streaming

二、判断题

1. YARN 可以作为 Spark 的资源调度框架。（   ）
2. Scala 的基本数据类型和 Java 完全一致。（   ）
3. 如果将以下程序中第 10 行的(x,1)换成(x,-1)，输出结果不变。（   ）

```scala
6  def main(args: Array[String]) {
7      val source = Source.fromFile("input/exam.data", "UTF-8").getLines().toArray
8      source
9          .flatMap(x => x.trim().split(" "))
10         .map(x => (x, 1))
11         .groupBy(x => x._1)
12         .map(x => (x._1, x._2.length))
13         .toList.sortBy(x => x._2)
14         .foreach(x => print(x))
15  }
```

三、思考题

1. 已知 exam.data 文件中数据为 a b c a a b c a，请写出下列程序的运行结果。

```scala
val source = Source.fromFile("input/exam.data", "UTF-8").getLines().toArray
source.flatMap(x => x.trim().split(" ")).map(x => (x, 1))
    .groupBy(x => x._1)
    .map(x => (x._1, x._2.length))
    .toList.sortBy(x => -x._2)
    .foreach(x => print(x))
```

2. 已知已有学生数据如下：

班级	学号	性别	姓名	出生年月	血型	家庭住址	身高	手机号
RB171	RB17101	男	张祥德	1997-02-10	AB	河南省郑州市1号	172	11122223333
RB171	RB17102	女	冯成刚	1996-10-01	A	河南省洛阳市2号	175	18837110115
RB171	RB17103	男	卢伟兴	1998-08-02	B	河南省开封市3号	165	19999228822
RB171	RB17104	男	杨飞龙	1996-08-09	AB	河南省安阳市4号	168	13322554455
RB172	RB17201	男	娄松林	1997-01-03	A	河南省鹤壁市1号	170	13688552244
RB172	RB17202	男	高飞	1996-08-27	B	河南省新乡市2号	171	13522114455
RB172	RB17203	女	何桦	1997-12-20	B	河南省焦作市3号	168	13566998855

请写出下列程序的作用。

```scala
def main(args: Array[String]) {
    val source = scala.io.Source.fromFile("input/students.data", "UTF-8")
                    .getLines().toArray
    val phone = source.map(_.trim().split(" "))
        .filter(_.length == 8)
        .map(x => (x(0), x(4).substring(5, 10).replaceAll("-", "")))
        .toList
        .groupBy(_._2)
        .mapValues(_.map(_._1))
        .toList
        .foreach(println(_))
}
```

第三篇　平台构建篇

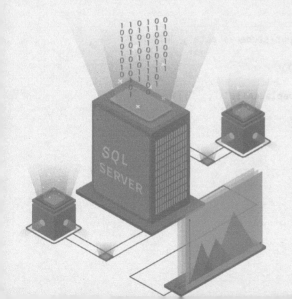

第6章

构建基于 Spark 的实时交易
数据统计平台

本章内容

本章介绍构建商品实时交易数据统计平台的案例,该平台的功能是在前端页面以动态图表形式实时展示后端数据的变化。首先介绍 Spark 实时计算系统的整体需求和架构,然后介绍 Redis 数据库的概念以及部署步骤;介绍项目工程结构的构建和平台开发业务流程;最后介绍数据获取、分析处理、可视化模块的具体实现。

本章要点

- 熟悉 Spark 实时计算系统架构以及平台开发业务流程。
- 了解 Redis 数据库,学会部署和启动 Redis。
- 掌握向 Kafka 集群发送数据的方法。
- 学会使用 Spark Streaming 实时计算框架对数据进行统计分析。
- 掌握 WebSocket 的基本使用方式。

6.1 系统需求与架构

本节主要从系统背景、功能需求和架构体系三方面进行介绍,旨在帮助读者了解大数据实时计算系统的开发流程。

6.1.1 系统背景介绍

"双十一"是每年 11 月 11 日的电商促销活动,在 2018 年的购物狂欢中,天猫开场仅 2 分 5 秒,总交易额就突破了 100 亿元,最终 24 小时总成交额为 2135 亿元。"双十一"期间,成交额数据在大屏幕中实时刷新展示,十分直观,这就用到了数据可视化技术。数据可视化是借助图形化手段,将数据库中的数据以图像形式展示在前端页面中,可以清晰有效地表示信息。利用实时数据构建动态看板平台,可以使决策人员快速理解并处理相应的信息数据，还能够通过观察看板平台展示的动态数据，发现市场变化和趋势动向。

在看板平台系统中，动态数据的展示就需要流式计算系统每时每刻接收数据、分析数据和转发数据，通过本书介绍的 Spark 实时计算框架 Spark Streaming 和 Kafka 即可完成这一技术需求。

6.1.2　系统功能需求

本案例旨在实现一个商品实时交易数据统计平台，即实现商品数据的实时获取、分析处理、以动态图表的形式实时展示数据，主要可分为数据获取、数据分析处理、数据可视化三大模块。

系统使用模拟生成的商品数据，故首先需要设计数据字段并生成大量的订单数据，通过 Kafka 集群实时发送订单数据，结合 Spark Streaming 技术分析订单中的商品数据，并将每件商品的销售额进行汇总，存储在 Redis 数据库中，最终搭建 Web 开发环境，将数据以图表的形式动态展示在前端页面中，实际效果如图 6-1 所示。

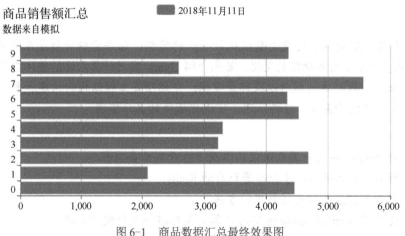

图 6-1　商品数据汇总最终效果图

在图 6-1 中，纵轴 0～9 表示商品编号，横轴表示该商品成交额总和。

在看板平台中，可以将各种业务数据展示在页面中，读者可自行添加需求，在页面中展示其运行效果即可。

6.1.3　系统架构设计

本章实时统计成交额计算系统的基础架构图如图 6-2 所示。

从图 6-2 可以看出，本系统所需的数据来源于用户访问订单页面，在商品成交后，数据会转发到订单系统中（根据不同的业务需求，数据来源

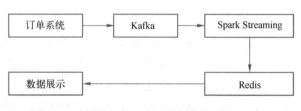

图 6-2　实时统计成交额计算系统的基础架构图

162

于不同的模块），在本案例中，可以模仿一个订单系统，并将订单数据发送至 Kafka 中。当数据发送至 Kafka 中，就可以通过 Spark Streaming 定时从 Kafka 中读取数据，并计算设置定时时间间隔内每个订单的数据信息，将计算结果保存至数据库中。为了方便在数据库中进行累加操作，本案例将采用 Redis 数据库，后续将会进行详细介绍。

6.2　Redis 简介

由于本案例使用的是实时数据，数据会不断更新，对数据库的读写速度要求较高，故采用 Redis 数据库。本节对 Redis 数据库的作用、部署与启动、常用操作命令进行介绍。

6.2.1　Redis 数据库的作用

源源不断的数据经过 Spark Streaming 程序处理完成后，需要将计算结果保存到文件系统或者数据库中，同时保存的数据也在不断更新。Redis 是一款高性能键值对数据库，与传统数据库不同的是，Redis 的数据是存在内存中的，因此读写数据速度非常快，本案例将使用 Redis 数据库存储计算结果。

Redis 是使用 C 语言开发的一个高性能键值对开源数据库，它通过提供多种键值对数据类型适应不同场景下的存储需求。到目前为止，Redis 支持键值对数据类型，分别是字符串数据类型（String）、哈希（Hash）、列表（List）、集合（Set）以及有序集合（Zset）五种。

Redis 作为内存数据库，其性能非常出色，整个数据库的数据都被加载到内存中进行操作，Redis 会定期通过异步操作把数据写入磁盘中进行保存，从而保证了数据库的容错性，避免在计算机断点时，存储在内存中的数据丢失，官方数据显示，Redis 每秒可处理超过十万次读写操作，因此 Redis 可被应用于商品秒杀、缓存页面数据、应用排行榜等大量的高并发场景。

6.2.2　Redis 部署与启动

1．Redis 安装部署

Redis 官方网址为 http://download.redis.io/releases/。

（1）上传并解压安装包

1）先从官网下载 Redis 安装包，本书选用的是 redis-4.0.2.tar.gz 版本。使用 FinalShell 等工具将安装包上传至 centos01 节点中的/opt/softwares/目录下。

2）执行如下命令，将安装包解压至/opt/modules/目录下。

```
[root@centos01 softwares]#tar -zxvf redis-4.0.2.tar.gz -C /opt/modules/
```

（2）编译源码

1）由于 Redis 是由 C 语言开发的，因此安装 Redis 需要将源码进行编译，编译依赖 GCC 环境，所以要安装 GCC。执行如下命令，安装 GCC。

```
[root@centos01 softwares]#yum install gcc
```

2）执行如下命令，进入 redis-4.0.2 解压目录，编译 Redis 源码。

```
[root@centos01 softwares]# cd /opt/modules/redis-4.0.2/
[root@centos01redis-4.0.2]# make
[root@centos01redis-4.0.2]# make PREFIX=/opt/modules/redis install
```

执行上述命令后，/opt/modules/目录下会创建一个新的 Redis 文件夹，其中存放了执行 Redis 服务的相关程序。

（3）修改配置文件

1）启动 Redis 服务需要 redis.conf 配置文件，用来设置 Redis 服务端启动时所加载的配置参数。执行如下命令，将源码包中附带的配置文件复制到 redis/bin 目录下。

```
[root@centos01redis-4.0.2]# cp redis.conf /opt/modules/redis/bin/
```

2）复制完成后，进入/opt/modules/redis/bin/目录，使用 vim 命令打开 redis.conf 配置文件。

```
[root@centos01redis-4.0.2]# vim /opt/modules/redis/bin/redis.conf
```

修改 Redis 服务端 IP 地址，具体参数如下。

```
bind 192.168.184.133
```

至此 Redis 配置完成。

2. Redis 启动

下面启动 Redis 服务端，一定要先切到/bin 目录下，执行 "./redis-server ./redis.conf" 命令启动，启动成功后的界面效果如图 6-3 所示。

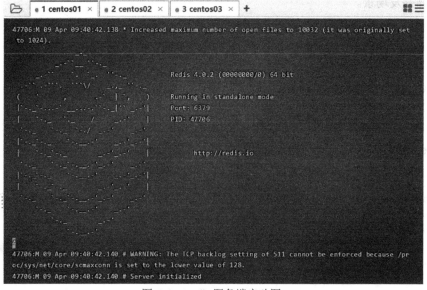

图 6-3　Redis 服务端启动图

164

Redis 服务会占用会话窗口，如果想在后台启动 Redis 服务，只需要在 redis.conf 配置文件中修改"daemonize yes"参数即可。

启动 Redis 服务后，克隆 centos01 的会话终端，并在 redis/bin 目录下启动 Redis 客户端，执行"./redis-cli -h 192.168.184.133"命令，启动成功后的界面效果如图 6-4 所示。

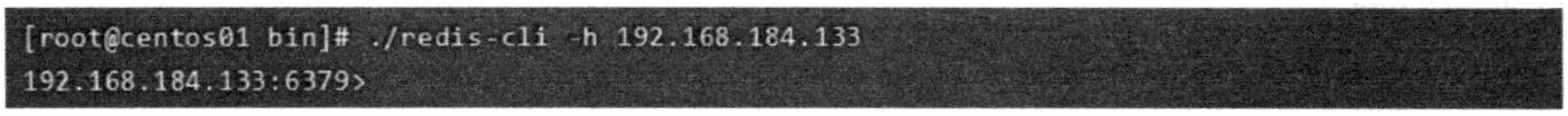

```
[root@centos01 bin]# ./redis-cli -h 192.168.184.133
192.168.184.133:6379>
```

图 6-4　Redis 客户端启动图

6.2.3　Redis 常用命令

Redis 包含 5 种数据类型，操作方式大致相同，哈希数据类型是 Redis 常用的数据类型，数据结构为 Map<String, Map<String, String>>，常用操作命令见表 6-1。

表 6-1　Redis 常用操作命令表

方法名称	相关说明
hset(key，field，value)	向名称为 key 的 Hash 中添加元素 field
hget(key，field)	返回名称为 key 的 Hash 中 field 对应的 value
hincrby(key，field，integer)	将名称为 key 的 Hash 中 field 的 value 增加 integer
hexists(key，field)	名称为 key 的 Hash 中是否存在键为 field 的域
hdel(key，field)	删除名称为 key 的 Hash 中键为 field 的域
hlen(key)	返回名称为 key 的 Hash 中元素个数
hkeys(key)	返回名称为 key 的 Hash 中所有键
hvals(key)	返回名称为 key 的 Hash 中所有键对应的 value

1）hset key field value　　　//将哈希表 key 中的字段 field 的值设为 value
示例：hset key1 field1 value1
2）hget key field　　　//获取存储在哈希表中指定字段的值
示例：hget key1 field1
3）hincrby key field increment　//为哈希表 key 中的指定字段的整数值加上增量 increment
示例：
hset key2 field1 1
hincrby key2 field1 1
hget key2 field1
4）hexists key field　　　//查看哈希表 key 中指定字段是否存在
示例：
hexists key1 field4
hexists key1 field6
5）hdel key field1 [field2]　　　//删除一个或多个哈希表字段
示例：

hdel key1 field1

hexists key1 field1 或 hget key1 field1   //返回(nil)

6）hlen key   //获取哈希表中字段的数量

示例：

hset key1 aaa 111

hset key1 bbb 222

hset key1 ccc 333

hlen key1

7）hkeys key   //获取所有哈希表中的字段

示例：hkeys key1

8）hvals key   //获取哈希表中所有值

示例：hvals key1

6.3　系统开发流程

本节主要介绍系统开发的流程，包括构建工程结构和各模块流程介绍。

1．构建工程结构

（1）创建 Maven 工程

打开 IDEA 开发工具，创建 Maven 工程，不选择任何模板，具体如图 6-5 所示。

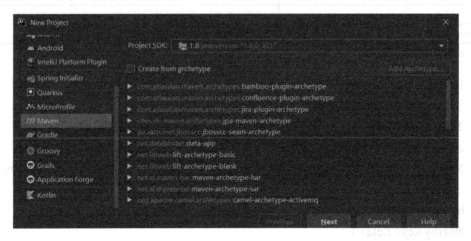

图 6-5　新建项目

单击"Next"按钮，出现如图 6-6 所示界面，对项目进行重命名，选择合适的位置，最后直到出现"Finish"按钮完成工程创建。

（2）项目资源结构

本项目的资源结构是指项目中所涉及的包文件、配置文件以及页面文件等，如图 6-7 所示。

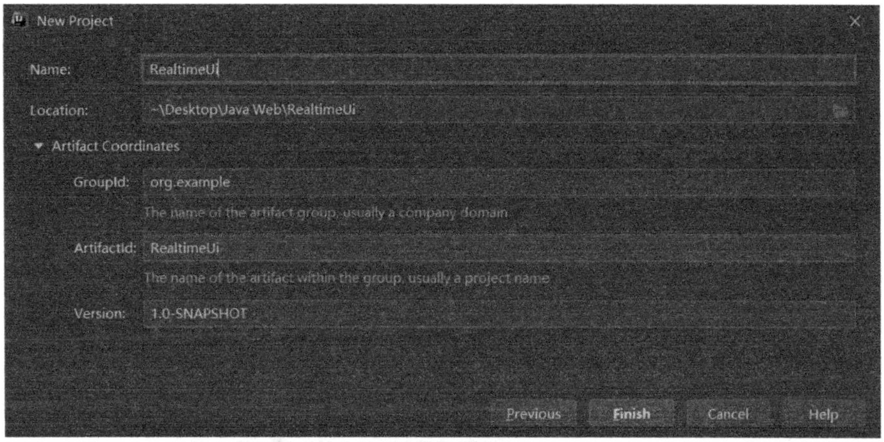

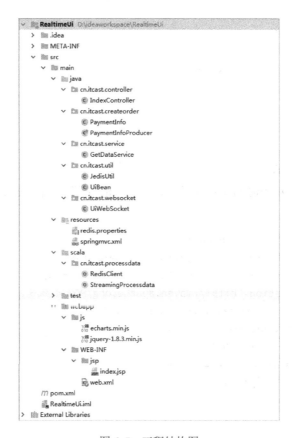

图 6-6　工程创建图

图 6-7　工程结构图

　　项目中，Spark 工程和 Java Web 工程整合在一个 Maven 工程下，因此还需向项目中添加 Java Web 工程必备的 web.xml 文件。在 IDEA 开发工具中，右键单击工程名，选择"Open Module Settings"选项，设置步骤如图 6-8 所示。

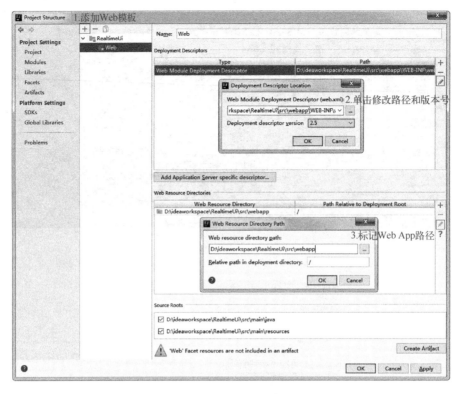

图 6-8　添加 web.xml 文件

（3）添加相关依赖

按照上图创建工程资源结构目录后，在 pom.xml 配置文件中添加工程所需依赖，具体代码如下。

```xml
<?xml version="1.0" encoding="UTF-8"?>
<project xmlns="http://maven.apache.org/POM/4.0.0"
    xmlns:xsi="http://www.w3.org/2001/XMLSchema-instance"
    xsi:schemaLocation="http://maven.apache.org/POM/4.0.0
http://maven.apache.org/xsd/maven-4.0.0.xsd">
<modelVersion>4.0.0</modelVersion>
<groupId>cn.itcast</groupId>
<artifactId>RealtimeUi</artifactId>
<version>1.0-SNAPSHOT</version>
<dependencies>
<!--Spark 依赖-->
<dependency>
<groupId>org.apache.spark</groupId>
<artifactId>spark-core_2.11</artifactId>
<version>2.3.2</version>
</dependency>
<dependency>
```

168

```xml
<groupId>org.scala-lang</groupId>
<artifactId>scala-library</artifactId>
<version>2.11.8</version>
</dependency>
<dependency>
<groupId>org.apache.spark</groupId>
<artifactId>spark-streaming_2.11</artifactId>
<version>2.3.2</version>
</dependency>
<dependency>
<groupId>org.apache.spark</groupId>
<artifactId>spark-streaming-kafka-0-8_2.11</artifactId>
<version>2.3.2</version>
</dependency>
<!--Kafka 依赖-->
<dependency>
<groupId>org.apache.kafka</groupId>
<artifactId>kafka-clients</artifactId>
<version>2.0.0</version>
</dependency>
<!--Jedis-->
<dependency>
<groupId>redis.clients</groupId>
<artifactId>Jedis</artifactId>
<version>2.9.0</version>
</dependency>
<!--Spring-->
<dependency>
<groupId>org.springframework</groupId>
<artifactId>spring-context</artifactId>
<version>4.2.4.RELEASE</version>
</dependency>
<dependency>
<groupId>org.springframework</groupId>
<artifactId>spring-beans</artifactId>
<version>4.2.4.RELEASE</version>
</dependency>
<dependency>
<groupId>org.springframework</groupId>
<artifactId>spring-webmvc</artifactId>
<version>4.2.4.RELEASE</version>
</dependency>
<dependency>
<groupId>org.springframework</groupId>
```

```xml
    <artifactId>spring-jdbc</artifactId>
    <version>4.2.4.RELEASE</version>
</dependency>
<dependency>
    <groupId>org.springframework</groupId>
    <artifactId>spring-aspects</artifactId>
    <version>4.2.4.RELEASE</version>
</dependency>
<dependency>
    <groupId>org.springframework</groupId>
    <artifactId>spring-jms</artifactId>
    <version>4.2.4.RELEASE</version>
</dependency>
<dependency>
    <groupId>org.springframework</groupId>
    <artifactId>spring-context-support</artifactId>
    <version>4.2.4.RELEASE</version>
</dependency>
<!--JSP 相关-->
<dependency>
    <groupId>jstl</groupId>
    <artifactId>jstl</artifactId>
    <version>1.2</version>
</dependency>
<dependency>
    <groupId>javax.servlet</groupId>
    <artifactId>servlet-api</artifactId>
    <version>2.5</version>
    <scope>provided</scope>
</dependency>
<dependency>
    <groupId>javax.servlet</groupId>
    <artifactId>jsp-api</artifactId>
    <version>2.0</version>
    <scope>provided</scope>
</dependency>
<!--JSON 数据转换工具-->
<dependency>
    <groupId>com.alibaba</groupId>
    <artifactId>fastjson</artifactId>
    <version>1.2.41</version>
</dependency>
<!--WebSocket-->
<dependency>
```

```
<groupId>javax</groupId>
<artifactId>javaee-api</artifactId>
<version>7.0</version>
<scope>provided</scope>
</dependency>
</dependencies>
</project>
```

添加 Spark-Core、Scala、Spark-Streaming、Spark-Streaming 与 Kafka 整合、Kafka、Jedis、Spring 以及 JSP、JSON 数据转换工具和 WebSocket 的 jar 文件。

2. 平台开发业务流程概述

（1）设计订单数据字段

订单数据模型通常由订单编号、订单时间、商品编号、商品价格等数十个字段组成，字段如图 6-9 所示。

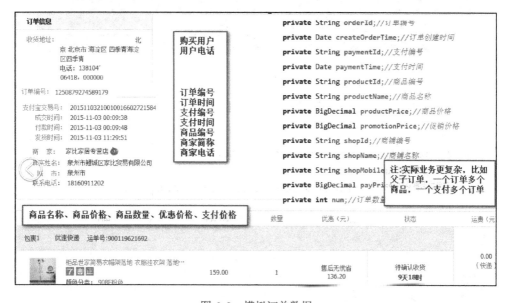

图 6-9　模拟订单数据

订单的数据格式如下。

```
"orderId":"b030e0dfb3b04cd18c3b32beac01ab25","productId":"6","productPrice":834}
```

（2）向 Kafka 集群发送订单数据

1）创建 Kafka 生产者对象。利用 Kafka API 创建生产者对象，设置 Kafka 集群配置参数并调用 send()方法，不断向指定的 Kafka 集群中发送订单数据。

2）启动 Kafka 程序，命令如下。

```
#启动 Kafka 服务
[root@centos01 kafka]# bin/kafka-server-start.sh -daemonconfig/server.properties
```

```
#创建 Topic
[root@centos01 kafka]# kafka-topics.sh --create \
--topic itcast_order \
--partitions 3 \
--replication-factor 2 \
--zookeeper centos01:2181,centos02:2181,centos03:2181
```

3）运行 PaymentInfoProducer 类生产数据，将数据发送至 Kafka，运行结果如图 6-10
所示。

图 6-10　生产数据图

启动 Kafka 消费者，Kafka 消费数据如图 6-11 所示。

```
#监听数据
[root@centos01 kafka]# kafka-console-consumer.sh \
--from-beginning --topic itcast_order \
--bootstrap-server centos01:9092,centos02:9092,centos03:9092
```

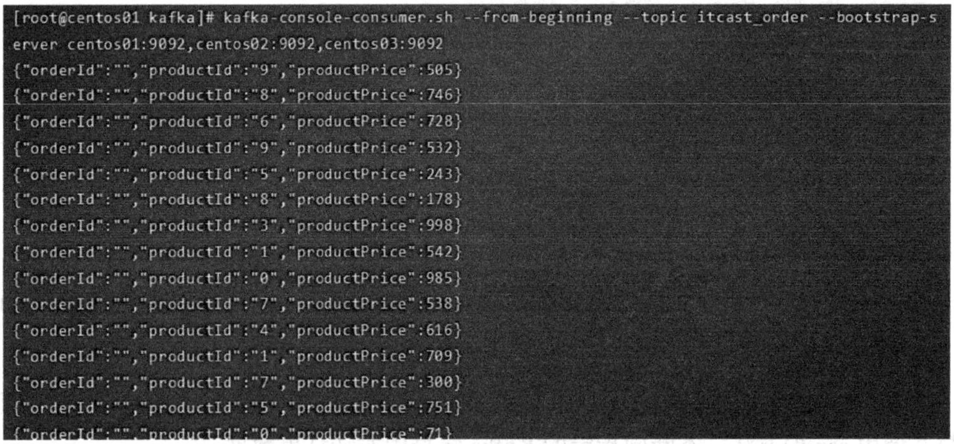

图 6-11　消费数据图

（3）分析订单数据

针对 Kafka 中的实时订单数据，采用 Spark Streaming 实时计算框架对订单中不同商品的成交额统计分析，将分析出的数据按业务需求保存至 Redis 数据库。

1）配置 Jedis 操作 Redis 数据库。在项目的资源目录创建 redis.properties 配置文件，用于配置 Redis 数据库；在 scala 目录的 cn.itcast.processdata 包下创建 RedisClient 客户端类，用于读取配置文件中 Redis 参数；在 cn.itcast.util 包中，创建 JedisUtil 工具类，用来操作 Redis 数据库。

2）Spark Streaming 处理数据。在 cn.itcast.processdata 包下创建 StreamingProcessdata 类，用于 Spark Streaming 处理 Kafka 集群中的数据，并保存至 Redis 数据库中。

3）测试系统是否能够正常工作。运行数据分析类 StreamingProcessdata 和数据生产类 PaymentInfoProducer，通过 Redis 客户端查看数据，可以发现数据已经存至 Redis 数据库中，如图 6-12 所示。

图 6-12　测试结果

（4）搭建 Web 开发环境

1）在 pom.xml 配置文件中，添加开发 Java Web 工程所需的 Spring 框架相关依赖。

2）在 web.xml 配置文件中，配置 Spring 监听器、编码过滤器和 Spring MVC 前端控制器以及指定 springmvc.xml 文件路径。

3）在 springmvc.xml 配置文件中，配置 Controller 层和 Service 层的包扫描、注解驱动、视图解析器及资源映射。

（5）实现数据展示功能

1）创建 GetDataService 类，用于读取 Redis 数据库中的数据。

2）创建 UiBean 类，将 Redis 中的数据封装为 UiBean 对象，即展示页面时所需数据字段。

3）创建 IndexController 类，便于三层架构以接口的形式互相调用。

4）创建 UiWebSocket 类，实现前后端数据推送功能。

5）在 index.jsp 页面编写 JS 代码，用于回调方法接收后台的数据和生成 ECharts 图例。

依次启动模拟订单数据模块、数据分析模块及 Tomcat 服务，通过访问

http://localhost:8080/index 观察看板页面，最终效果如图 6-13 所示。

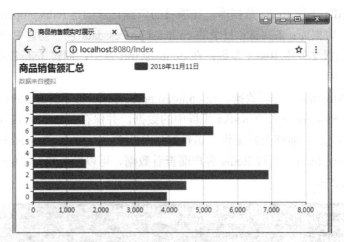

图 6-13　最终可视化结果图

6.4　数据获取模块实现

本节首先介绍订单数据字段设计、生成模拟，然后介绍将生成的订单数据实时发送至 Kafka 集群的步骤。

6.4.1　模拟订单数据

在本项目中，利用 Java 编程构建订单系统，采用随机生成一组 JSON 格式的字符串来模拟订单数据。订单数据模型通常由订单编号、订单时间、商品编号、商品价格等数十个字段组成，模型中的指标越多，提供给分析人员可分析的维度就越多。

首先在 cn.itcast.createorder 包下创建 PaymentInfo.java 文件，用于定义订单字段以及生成订单数据，具体代码如下。

```
PaymentInfo.java
package cn.itcast.createorder;
import com.alibaba.fastjson.JSONObject;
import java.util.Random;
import java.util.UUID;
public class PaymentInfo {
    private static final long serialVersionUID = 1L;
    private String orderId;//订单编号
    private String productId;//商品编号
    private long productPrice;//商品价格
    public PaymentInfo() {
    }
    public static long getSerialVersionUID() {
        return serialVersionUID;
```

```java
    }
    public String getOrderId() {
        return orderId;
    }
    public void setOrderId(String orderId) {
        this.orderId = orderId;
    }
    public String getProductId() {
        return productId;
    }
    public void setProductId(String productId) {
        this.productId = productId;
    }
    public long getProductPrice() {
        return productPrice;
    }
    public void setProductPrice(long productPrice) {
        this.productPrice = productPrice;
    }
    @Override
    public String toString() {
        return "PaymentInfo{" +
"orderId='" + orderId + '\'' +
", productId='" + productId + '\'' +
                ", productPrice=" + productPrice +
                '}';
    }
//模拟订单数据
    public String random(){
        Random r = new Random();
        this.orderId = UUID.randomUUID().toString().replaceAll(".", "");
        this.productPrice = r.nextInt(1000);
        this.productId = r.nextInt(10)+"";
        JSONObject obj = new JSONObject();
        String jsonString = obj.toJSONString(this);
        return jsonString;
    }
}
```

6.4.2 向 Kafka 集群发送订单数据

模拟订单数据模块开发完成后，接下来，创建 Kafka 生产者对象，将订单数据发送至 Kafka 集群中，下面分步骤进行介绍。

（1）创建 Kafka 生产者对象

在 cn.itcast.createorder 包下创建 PaymentInfoProducer.java 文件，具体代码如下。

```
PaymentInfoProducer.java
package cn.itcast.createorder;
import org.apache.kafka.clients.producer.KafkaProducer;
import org.apache.kafka.clients.producer.ProducerRecord;
import java.util.Properties;
public class PaymentInfoProducer {
    public static void main(String[] args) {
        Properties props = new Properties();
// 1. 指定 Kafka 集群的主机名和端口号
        props.put("bootstrap.servers", "centos01:9092,centos02:9092,centos03:9092");
// 2. 指定等待所有副本节点的应答
        props.put("acks", "all");
// 3. 指定消息发送最大尝试次数
        props.put("retries", 0);
// 4. 指定一批消息处理大小
        props.put("batch.size", 16384);
// 5. 指定请求延时
        props.put("linger.ms", 1);
// 6. 指定缓存区内存大小
        props.put("buffer.memory", 33554432);
// 7. 设置 key 序列化
        props.put("key.serializer", "org.apache.kafka.common.serialization.StringSerializer");
// 8. 设置 value 序列化
        props.put("value.serializer", "org.apache.kafka.common.serialization. String-
Serializer");
        KafkaProducer<String, String> kafkaProducer = new KafkaProducer<String,
String>(props);
        PaymentInfo pay = new PaymentInfo();
        while (true){
// 9. 生产数据
            String message = pay.random();
            kafkaProducer.send(new ProducerRecord<String, String>("itcast_order",
message));
            System.out.println("数据已发送到 Kafka："+message);
            try {
                Thread.sleep(1000);
            } catch (InterruptedException e) {
                e.printStackTrace();
            }
        }
    }
}
```

上述代码是利用 Kafka API 创建生产者对象，设置 Kafka 集群配置参数并调用 send()

176

方法，不断向指定的 Kafka 集群中发送订单数据。

（2）启动 Kafka 程序

依次启动主机名为 centos01、centos02、centos03 的三台集群中的 Kafka 服务，执行命令如下。

```
[root@centos01 kafka]# bin/kafka-server-start.sh config/server.properties
```

启动 Kafka 服务端进程后，通过克隆 centos01 的会话窗口来创建名为 "itcast_order" 的 Topic，执行命令如下。

```
[root@centos01 kafka]#kafka-topics.sh --create \
                    --topic itcast_order \
                    --partitions 3 \
                    --replication-factor 2 \
                    --zookeeper centos01:2181,centos02:2181,centos03:2181
```

Topic 创建成功后，就可以监听数据了，执行命令如下。

```
[root@centos01 kafka]#kafka-console-consumer.sh \
                  --from-beginning --topic itcast_order \
                  --bootstrap-server centos01:9092,centos02:9092,centos03:9092
```

命令执行完成后，返回 IDEA 工具，运行 PaymentInfoProducer 类生产数据，随后观察 Kafka 消费数据的会话窗口和 IDEA 工具的控制台输出，效果如图 6-14 所示。

图 6-14　生产数据效果图

6.5　数据分析与处理模块实现

本节介绍采用 Spark Streaming 对订单数据进行分析，并将分析后的订单数据存入 Redis 数据库。

6.5.1　分析订单数据

针对 Kafka 中的订单数据，本节采用 Spark Streaming 实时计算框架对订单中不同商品的成交额进行统计分析，然后将分析出的数据按照业务需求存入 Redis 数据库。

（1）配置 Jedis 操作 Redis 数据库

数据写入 Redis，可以使用 Jedis 工具，Jedis 是 Redis 官方推荐的 Java 连接开发工具，其中集成了 Redis 操作命令、提供数据库的连接池管理以及使用简单等优点。

在项目的资源目录下创建 redis.properties 配置文件，将 Jedis 的一些配置写入文件中，具体配置参数如下。

```
redis.properties
#表示 Jedis 的服务器主机名
jedis.host=centos01
#表示 Jedis 的服务的端口
jedis.port=6379
#Jedis 连接池中最大的连接个数
jedis.max.total=60
#Jedis 连接池中最大的空闲连接个数
jedis.max.idle=30
#Jedis 连接池中最小的空闲连接个数
jedis.min.idle=5
#Jedis 连接池最大的等待连接时间 ms 值
jedis.max.wait.millis=30000
```

在 scala 目录的 cn.itcast.processdata 包下创建 RedisClient.scala 文件，用于读取配置文件中的 Redis 参数，代码如下。

```scala
RedisClient.scala
package cn.itcast.processdata
import java.util.Properties
import org.apache.commons.pool2.impl.GenericObjectPoolConfig
import redis.clients.jedis.JedisPool
object RedisClient {
    val prop = new Properties()
//加载配置文件
    prop.load(
        this.getClass.getClassLoader.getResourceAsStream("redis.properties"))
    val redisHost: String = prop.getProperty("jedis.host")
    val redisPort: String = prop.getProperty("jedis.port")
```

```
    val redisTimeout: String = prop.getProperty("jedis.max.wait.millis")
    lazy val pool = new JedisPool(
        new GenericObjectPoolConfig(),
        redisHost, redisPort.toInt,
        redisTimeout.toInt)
    lazy val hook = new Thread {
        override def run = {
            println("Execute hook thread: " + this)
            pool.destroy()
        }
    }
}
```

以上文件是 Scala 版本的 Jedis 工具类，另外还有 Java 版本的 Jedis 工具类。在 cn.itcast.util 包中，创建 JedisUtil.java 文件，用来操作 Redis 数据库，具体代码如下。

```java
JedisUtil.java
package cn.itcast.util;
import redis.clients.jedis.Jedis;
import redis.clients.jedis.JedisPool;
import redis.clients.jedis.JedisPoolConfig;
import java.io.IOException;
import java.util.Properties;
/**
 * Redis Java API 操作的工具类
 * 主要提供 Java 操作 Redis 的对象 Jedis,类似于数据库连接池
 */
public class JedisUtil {
    private JedisUtil() {
    }
    private static JedisPool jedisPool;
    static {
        Properties prop = new Properties();
        try {
            prop.load(JedisUtil.class.getClassLoader()
                    .getResourceAsStream("redis.properties"));
            JedisPoolConfig poolConfig = new JedisPoolConfig();
//Jedis 连接池中最大的连接个数
poolConfig.setMaxTotal(Integer.valueOf(prop.getProperty("jedis.max.total")));
    //Jedis 连接池中最大的空闲连接个数
            poolConfig.setMaxIdle(Integer.valueOf(prop.getProperty("jedis.max.idle")));
    //Jedis 连接池中最小的空闲连接个数
            poolConfig.setMinIdle(Integer.valueOf(prop.getProperty("jedis.min.idle")));
    //Jedis 连接池最大的等待连接时间 ms 值
```

```
                poolConfig.setMaxWaitMillis(Long.valueOf(
                                prop.getProperty("jedis.max.wait.millis")));
    //表示 Jedis 的服务器主机名
            String host = prop.getProperty("jedis.host");
            int port = Integer.valueOf(prop.getProperty("jedis.port"));
            jedisPool = new JedisPool(poolConfig, host, port, 10000);
        } catch (IOException e) {
            e.printStackTrace();
        }
    }
    /**
     * 提供了 Jedis 的对象
     *
     * @return
     */
    public static Jedis getJedis() {
        return jedisPool.getResource();
    }
    /**
     * 资源释放
     *
     * @param jedis
     */
    public static void returnJedis(Jedis jedis) {
        jedis.close();
    }
}
```

（2）Spark Streaming 处理数据

接下来利用 Spark Streaming 处理 Kafka 集群中的数据，在 cn.itcast.processdata 包下创建 StreamingProcessdata.scala 文件，具体代码如下。

```
StreamingProcessdata.scala
package cn.itcast.processdata
import com.alibaba.fastjson.{JSON, JSONObject}
import kafka.serializer.StringDecoder
import org.apache.spark.streaming.dstream.{DStream, InputDStream}
import org.apache.spark.streaming.kafka.KafkaUtils
import org.apache.spark.streaming.{Seconds, StreamingContext}
import org.apache.spark.{SparkConf, SparkContext}
import redis.clients.jedis.Jedis
object StreamingProcessdata {
    val orderTotalKey = "bussiness::order::total"        //每件商品总销售额
    val totalKey = "bussiness::order::all"               //总销售额
    val dbIndex = 0                                       //Redis 数据库
```

180

```scala
    def main(args: Array[String]): Unit = {
//1. 创建 SparkConf 对象
        val sparkConf: SparkConf = new SparkConf()
.setAppName("KafkaStreamingTest")
.setMaster("local[4]")
//2. 创建 SparkContext 对象
        val sc = new SparkContext(sparkConf)
        sc.setLogLevel("WARN")
//3. 构建 StreamingContext 对象
        val ssc = new StreamingContext(sc, Seconds(3))
//4. 消息的偏移量就会被写入到 checkpoint 中
        ssc.checkpoint("./spark.receiver")
//5. 设置 Kafka 参数
        val kafkaParams = Map("bootstrap.servers" -> "centos01:9092,centos02:9092,
centos03:9092","group.id" -> "spark.receiver")
//6. 指定 Topic 相关信息
        val topics = Set("itcast_order")
//7. 通过 KafkaUtils.createDirectStream 利用低级 API 接受 Kafka 数据
        val kafkaDstream: InputDStream[(String, String)] =KafkaUtils.createDirect-
Stream
    [String, String, StringDecoder, StringDecoder](ssc, kafkaParams, topics)
//8. 获取 Kafka 中 Topic 数据，并解析 JSON 格式数据
        val events: DStream[JSONObject] = kafkaDstream.flatMap(line => Some(JSON.
parseObject(line._2)))
//按照 productID 进行分组统计个数和总价格
        val orders: DStream[(String, Int, Long)] = events.map(x => (x.getString
("productId"), x.getLong("productPrice"))).groupByKey().map(x => (x._1, x._2.size,
x._2.reduceLeft(_ + _)))
        orders.foreachRDD(x =>
            x.foreachPartition(partition =>
                partition.foreach(x =>{
                    println("productId="
                        + x._1 + " count=" + x._2 + " productPricrice=" + x._3)
//获取 Redis 连接资源
                    val jedis: Jedis = RedisClient.pool.getResource()
//指定数据库
                    jedis.select(dbIndex)
//每个商品销售额累加
                    jedis.hincrBy(orderTotalKey, x._1, x._3)
//总销售额累加
                    jedis.incrBy(totalKey, x._3)
                    RedisClient.pool.returnResource(jedis)
                })
            )
```

```
    )
    ssc.start()
    ssc.awaitTermination()
  }
}
```

6.5.2 生成结果

为了测试系统是否能够正常工作，执行数据分析类（StreamingProcessdata.scala）、数据生产类（PaymentInfoProducer），最终在 Redis 客户端中查看数据如图 6-15、图 6-16 所示。结果显示，数据能够实时发送、处理，并能够正常存储于 Redis 数据库中。

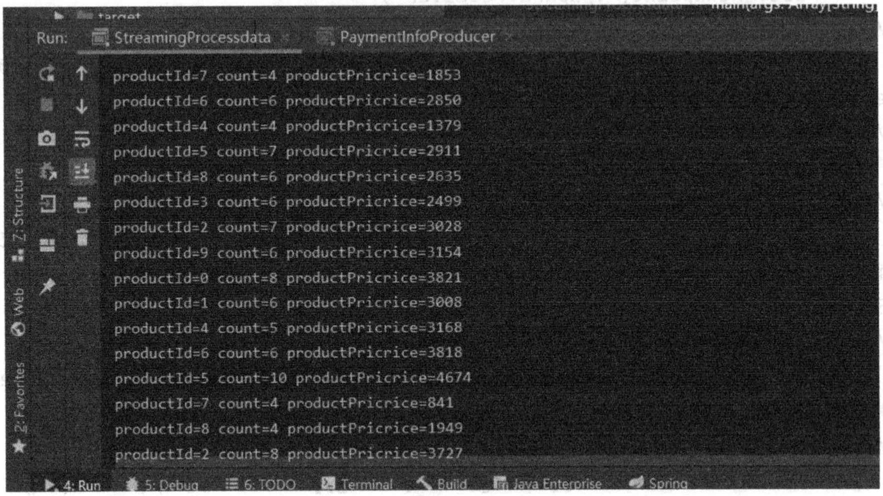

图 6-15　IDEA 中输出结果图

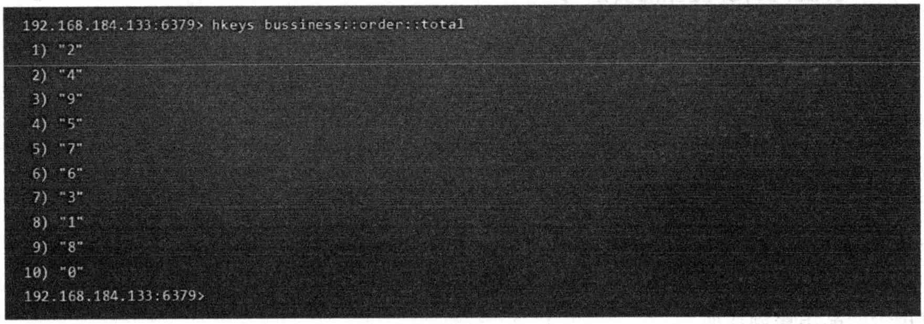

图 6-16　数据存储结果图

6.6　数据可视化模块实现

数据分析结束后，可以将 Redis 数据库中的数据展示在看板系统中，将抽象的数据图形化，便于非技术人员的决策与分析。看板系统采用 ECharts 来实现。

6.6.1 搭建 Web 开发环境

在搭建系统环境之前，已经向 pom.xml 文件中添加了开发 Java Web 工程所需的 Spring 框架相关的依赖，因此可以直接编写项目所需的配置文件 web.xml 和 springmvc.xml，代码如下。

```
web.xml 文件
<?xml version="1.0" encoding="UTF-8"?>
<web-app xmlns:xsi="http://www.w3.org/2001/XMLSchema-instance"
         xmlns="http://java.sun.com/xml/ns/javaee"
         xsi:schemaLocation="http://java.sun.com/xml/ns/javaee
             http://java.sun.com/xml/ns/javaee/web-app_2_5.xsd"
    version="2.5">
<display-name>RealtimeUi</display-name>
<welcome-file-list>
<welcome-file>index.html</welcome-file>
</welcome-file-list>
<!--加载 Spring 容器 -->
<context-param>
<param-name>contextConfigLocation</param-name>
<param-value>classpath:springmvc.xml</param-value>
</context-param>
<listener>
<listener-class>
                org.springframework.web.context.ContextLoaderListener
           </listener-class>
</listener>
<!--解决 post 乱码-->
<filter>
<filter-name>CharacterEncodingFilter</filter-name>
<filter-class>org.springframework.web.filter.CharacterEncodingFilter</filter-class>
<init-param>
<param-name>encoding</param-name>
<param-value>utf-8</param-value>
</init-param>
</filter>
<filter-mapping>
<filter-name>CharacterEncodingFilter</filter-name>
<url-pattern>/*</url-pattern>
</filter-mapping>
<!--配置 Spring MVC 的前端控制器 -->
```

```xml
<servlet>
<servlet-name>realtime</servlet-name>
<servlet-class>org.springframework.web.servlet.DispatcherServlet</servlet-class>
<init-param>
<param-name>contextConfigLocation</param-name>
<param-value>classpath:springmvc.xml</param-value>
</init-param>
<load-on-startup>1</load-on-startup>
</servlet>
<!--拦截所有请求，jsp 除外 -->
<servlet-mapping>
<servlet-name>realtime</servlet-name>
<url-pattern>/</url-pattern>
</servlet-mapping>
</web-app>
```

springmvc.xml 文件

```xml
<?xml version="1.0" encoding="UTF-8"?>
<beans xmlns="http://www.springframework.org/schema/beans"
       xmlns:xsi="http://www.w3.org/2001/XMLSchema-instance"
       xmlns:p="http://www.springframework.org/schema/p"
       xmlns:context="http://www.springframework.org/schema/context"   xmlns:mvc="http://www.springframework.org/schema/mvc"
       xsi:schemaLocation="http://www.springframework.org/schema/beans
          http://www.springframework.org/schema/beans/spring-beans-4.2.xsd
          http://www.springframework.org/schema/mvc
          http://www.springframework.org/schema/mvc/spring-mvc-4.2.xsd http://www.springframework.org/schema/context
          http://www.springframework.org/schema/context/spring-context-4.2.xsd">
    <!-- 扫描指定包路径，使路径当中的@controller 注解生效 -->
    <context:component-scan base-package="cn.itcast.controller" />
    <!-- 配置包扫描器，扫描所有带@Service 注解的类 -->
    <context:component-scan base-package="cn.itcast.service"/>
    <!-- MVC 的注解驱动  -->
    <mvc:annotation-driven />
    <!-- 视图解析器 -->
    <bean class="org.springframework.web.servlet.view.InternalResourceViewResolver">
    <property name="prefix" value="/WEB.INF/jsp/" />
    <property name="suffix" value=".jsp" />
    </bean>
    <!-- 配置资源映射 -->
    <mvc:resources location="/js/" mapping="/js/**"/>
</beans>
```

6.6.2 实现数据展示功能

配置文件添加成功后，在 cn.itcast.service 包下创建 GetDataService.java 文件，实现读取 Redis 数据功能，代码如下。

```java
GetDataService.java
package cn.itcast.service;
import cn.itcast.util.JedisUtil;
import cn.itcast.util.UiBean;
import com.alibaba.fastjson.JSONObject;
import org.springframework.stereotype.Service;
import redis.clients.jedis.Jedis;
import java.util.Map;
@Service
public class GetDataService {
//获取 Jedis 对象
    Jedis jedis = JedisUtil.getJedis();
    public String getData() {
//获取 Redis 数据库中键为 bussiness::order::total 的数据
        Map<String, String> testData = jedis.hgetAll("bussiness::order::total");
        String [] produceId = new String [10];
        String [] producetSumPrice = new String [10];
        int i=0;
//封装数据
        for(Map.Entry<String,String> entry : testData.entrySet()){
            produceId[i]=entry.getKey();
            producetSumPrice[i] =entry.getValue();
            i++;
        }
//可以查看 UiBean 的定义
        UiBean ub = new UiBean();
        ub.setProducetSumPrice(producetSumPrice);
        ub.setProduceId(produceId);
//将 ub 对象转换为 Json 格式的字符串
        return JSONObject.toJSONString(ub);
    }
}
```

在数据分析过程中，将数据以 Hash 数据类型保存在 Redis 数据库中，因此读取 Redis 数据库时，需要使用 Map 数据类型进行封装处理，将其封装为 UIBean 对象，即展示页面时所需的数据字段，UIBean 代码如下。

```java
UiBean.java
package cn.itcast.util;
import java.util.Arrays;
```

```java
public class UiBean {
    private String [] produceId;
    private String [] producetSumPrice;
    public UiBean() {
    }
    public UiBean(String[] produceId, String[] producetSumPrice) {
        this.produceId = produceId;
        this.producetSumPrice = producetSumPrice;
    }
    public String[] getProduceId() {
        return produceId;
    }
    public void setProduceId(String[] produceId) {
        this.produceId = produceId;
    }
    public String[] getProducetSumPrice() {
        return producetSumPrice;
    }
    public void setProducetSumPrice(String[] producetSumPrice) {
        this.producetSumPrice = producetSumPrice;
    }
    @Override
    public String toString() {
        return "UiBean{" +
                "produceId=" + Arrays.toString(produceId) +
                ", producetSumPrice=" + Arrays.toString(producetSumPrice) +
                '}';
    }
}
```

需要说明的是，在模拟订单时，随机生成了 10 个 produceId，在定义 UIBean 中的字段 produceId、producetSumPrice 使用了数组格式。

当读取到 Redis 数据库中的订单数据后，通过 Controller 层调用 Service 层中的方法，在实际工作应用中，三层架构通常以接口的形式互相调用，读者在后续增加功能模块时，可自行将代码重构。接下来编写 Controller 层代码，Controller 层代码如下。

```java
IndexController.java
package cn.itcast.controller;
import cn.itcast.service.GetDataService;
import org.springframework.beans.factory.annotation.Autowired;
import org.springframework.stereotype.Controller;
import org.springframework.web.bind.annotation.RequestMapping;
import org.springframework.web.bind.annotation.ResponseBody;
@Controller
```

```
public class IndexController {
    @Autowired
    private GetDataService getDataService;
    @RequestMapping("/index")
    public String showIndex() {
        return "index";
    }
    @RequestMapping(value = "/getData",produces = "application/json;charset=UTF-8")
    @ResponseBody
    public String getData() {
        String data =getDataService.getData();
        return data;
    }
}
```

编写前端页面代码之前，首先要考虑前端页面中如何动态显示图表功能。解决方案有多种，如通过 JS 代码编写定时器，每隔 1s 刷新一次页面访问后端数据接口，这种频繁地向服务器发送请求，检查是否有新的数据改动，会造成轮询，导致效率低以及流量和服务器资源浪费，因此采用 WebSocket 网络通信协议。

WebSocket 是从 HTML5 开始提供的一种在单个 TCP 连接上进行全双工通信的协议，以便通信的任何一端都可以通过建立的连接将数据推送到另一端。WebSocket 只需要建立一次连接就可以一直保持连接状态，这相比于轮询方式不停地建立连接显然效率要更高。当获取 WebSocket 连接后，可以通过 send()方法来向服务器发送数据，并通过 OnMessage 事件来接收服务器返回的数据。WebSocket 技术并非本书重点内容，读者可以查阅相关资料深入学习。在 cn.itcast.websocket 包下创建 UiWebSocket.java 文件，代码如下。

```
UiWebSocket.java
package cn.itcast.websocket;
import cn.itcast.service.GetDataService;
import javax.websocket.*;
import javax.websocket.server.ServerEndpoint;
import java.io.IOException;
import java.util.concurrent.CopyOnWriteArraySet;
/**
 * @ServerEndpoint 注解是一个类层次的注解，它的主要功能是将目前的类定义成一个
WebSocket 服务器端
 * 注解的值将被用于监听用户连接的终端访问 URL 地址,客户端可以通过这个 URL 来连接到
WebSocket 服务器端
 */
@ServerEndpoint("/uiwebSocket")
public class UiWebSocket {
//静态变量，用来记录当前在线连接数。应该把它设计成线程安全的
```

```
    private static int onlineCount = 0;
//concurrent 包的线程安全 Set，用来存放每个客户端对应的 MyWebSocket 对象。若要实现服
务端与单一客户端通信的话，可以使用 Map 来存放，其中 Key 可以为用户标识
    private static CopyOnWriteArraySet<UiWebSocket> webSocketSet = new CopyOn-
WriteArraySet<UiWebSocket>();
//与某个客户端的连接会话，需要通过它来给客户端发送数据
    private Session session;
//建立连接成功时调用
    @OnOpen
    public void onOpen(Session session) {
        this.session = session;
        webSocketSet.add(this);          //加入 set 中
        addOnlineCount();                //在线数加 1
        System.out.println("有新连接加入！当前在线人数为" + getOnlineCount());
        onMessage("",session);
    }
//连接断开时调用方法
    @OnClose
    public void onClose() {
        webSocketSet.remove(this);       //从 set 中删除
        subOnlineCount();                //在线数减 1
        System.out.println("有一连接关闭！当前在线人数为" + getOnlineCount());
    }
    GetDataService getDataService = new GetDataService();
//收到客户端消息后调用的方法
    @OnMessage
    public void onMessage(String message, Session session) {
        System.out.println("来自客户端的消息:" + message);
//群发消息
        for (final UiWebSocket item : webSocketSet) {
            try {
                while (true){
                    item.sendMessage(getDataService.getData());
                    Thread.sleep(1000);
                }
            } catch (Exception e) {
                e.printStackTrace();
                continue;
            }
        }
    }
//出错时调用
    @OnError
    public void onError(Session session, Throwable error) {
```

```
            System.out.println("发生错误");
            error.printStackTrace();
        }
//根据自己需要添加的方法
    public void sendMessage(String message) throws IOException {
        this.session.getBasicRemote().sendText(message);
    }
    public static synchronized int getOnlineCount() {
        return onlineCount;
    }
    public static synchronized void addOnlineCount() {
        UiWebSocket.onlineCount++;
    }
    public static synchronized void subOnlineCount() {
        UiWebSocket.onlineCount--;
    }
}
```

在上述代码中，调用 getDataService.getData() 获取数据，并不断将数据推送到 message 中。

在 index.jsp 页面编写 JS 代码，编写回调方法接收后台数据，再利用 ECharts 工具生成 ECharts 图例，代码文件如下。

```
index.jsp
<%@ page contentType="text/html;charset=UTF-8" language="java" %>
<!DOCTYPE html>
<html style="height: 100%">
    <head>
    <meta charset="utf-8">
    <title>商品销售额实时展示</title>
    </head>
    <body style="height: 100%; margin: 0">
        <div id="container" style="height: 30%;width: 30%"></div>
        <div id="message"></div>
        <script src="/js/jquery.1.8.3.min.js"></script>
        <script src="/js/echarts.min.js"></script>
        <script type="text/javascript">
            var myChart = echarts.init(document.getElementById('container'));
            myChart.setOption({
                title: {
                    text: '商品销售额汇总',
                subtext: '数据来自模拟'
                },
                tooltip: {
                    trigger: 'axis',
```

```
                    axisPointer: {
                        type: 'shadow'
                    }
                },
                legend: {
                    data: ['2018年11月11日']
                },
                grid: {
                    left: '3%',
                    right: '4%',
                    bottom: '3%',
                    containLabel: true
                },
                xAxis: {
                    type: 'value',
                    boundaryGap: [0, 0.01]
                },
                yAxis: {
                    type: 'category',
                    data : []
                },
                series: [
                {
                    name: '2018年11月11日',
                    type: 'bar',
                    data : []
                }
                ]
            });
```

在上述 index.jsp 代码中，在 ID 为 container 的 div 标签中添加固定格式的 ECharts 模板图表代码，不同的图表可以在 ECharts 官网复制模板代码直接使用。下面继续在 <script>标签中编写 JS 代码，实现 WebSocket 动态加载并填充图表数据。

```
//隐藏加载动画
    myChart.hideLoading();
    var websocket = null;
//判断当前浏览器是否支持 WebSocket
    if ('WebSocket' in window) {
        websocket = new WebSocket("ws://localhost:8080/uiwebSocket");
    }
    else {
        alert('当前浏览器 Not support websocket')
    }
//连接发生错误的回调方法
```

190

```javascript
        websocket.onerror = function () {
            setMessageInnerHTML("WebSocket 连接发生错误");
        };
//连接成功建立的回调方法
        websocket.onopen = function () {
            setMessageInnerHTML("WebSocket 连接成功");
        }
//接收到消息的回调方法
          websocket.onmessage = function (event) {
              jsonbean = JSON.parse(event.data);
//alert(jsonbean);
//填充数据
              myChart.setOption({
                  yAxis : {
                        data : jsonbean.produceId
                  },
                  series : [{
//  根据名字对应到相应的系列
                        data : jsonbean.producetSumPrice
                  }]
              })
              setMessageInnerHTML(event.data);
          }
//连接关闭的回调方法
          websocket.onclose = function () {
              setMessageInnerHTML("WebSocket 连接关闭");
          }
//监听窗口关闭事件, 当窗口关闭时, 主动去关闭 WebSocket 连接, 防止连接还没断开就关闭窗口, Server 端会抛异常
          window.onbeforeunload = function () {
              closeWebSocket();
          }
//将消息显示在网页上
          function setMessageInnerHTML(innerHTML) {
//document.getElementById('message').innerHTML += innerHTML + '<br/>';
          }
//关闭 WebSocket 连接
          function closeWebSocket() {
              websocket.close();
          }
      </script>
    </body>
</html>
```

6.6.3　可视化平台展示

接下来依次启动模拟订单数据模块（PaymentInfoProducer.java）、数据分析模块（StreamingProcessdata.scala）以及 Tomcat 服务，通过访问 http://localhost:8080/index 浏览看板页面，如图 6-17 所示。

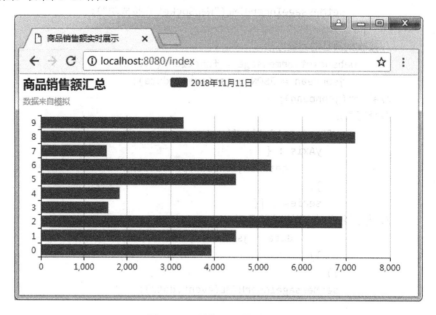

图 6-17　最终可视化结果图

Tomcat 官方网址为 https://tomcat.apache.org/，本书使用的版本为 Tomcat 9.0.52。Tomcat 服务器是一个免费的开源 Web 应用服务器，是开发和调试 JSP 程序的首选，并且具有处理 HTML 页面的功能。关于 Tomcat 的部署及使用方法，请参见扩展视频 15。

本章小结

本章主要介绍了利用 Spark Streaming、Kafka 以及 Redis 等技术开发实时交易数据统计系统，通过本章的学习，读者能够了解大数据实时计算架构的开发流程，并巩固 Spark Streaming 与 Kafka 整合在实际开发中的使用方式。本章的重点是在熟悉系统架构和业务流程的前提下，读者能够学会 Spark 和 Kafka 等组件的整合方式，结合其他组件开发实时大数据分析处理系统。

扩展视频 15

本章练习

一、简答题

1. 为什么 Redis 需要把所有数据放到内存中？

2．如何保证 Kafka 顺序消费？

3．Spark Streaming 是如何与 Kafka 整合的？

二、设计题

已知表 a 中字段内容如下。

字段	字段含义
index	数据 ID
child_comment	回复数量
comment_time	评论时间
content	评论内容
da_v	微博个人认证
like_status	赞
pic	图片评论 URL
user_id	微博用户 ID
user_name	微博用户名
vip_rank	微博会员等级
stamp	时间戳

要求：

1．在 Kafka 中创建 comment 主题，设置两个分区两个副本。

2．使用 Spark Streaming 对接 Kafka 后进行计算，查询并输出微博会员等级为 5 的用户。

3．查询并输出评论赞的个数在 10 个以上的数据。

第 7 章

构建基于 Hadoop 的离线电商
大数据分析平台

本章内容

本章介绍离线电商大数据分析平台案例，该系统的功能是从不同维度对电商数据进行分析，并以图表的形式展示出来。首先介绍 Hadoop 离线分析系统的需求和架构，然后介绍了数据采集、分析处理、存储和可视化模块的具体实现。本章内容可通过拓展视频 17 对照学习。

本章要点

- 熟悉 Hadoop 离线系统的架构以及业务流程。
- 使用爬虫技术对京东/淘宝数据进行爬取。
- 掌握向 Kafka 集群发送数据的方法。
- 结合 Spark SQL 技术将数据处理结果存入 MySQL 数据库。
- 学会使用 Superset 连接数据库对数据进行可视化展示。

扩展视频 17

7.1 系统需求与架构

本节主要从系统背景、功能需求和架构体系三方面进行分析，旨在帮助读者理解 Hadoop 离线分析系统的开发流程。

7.1.1 系统背景介绍

大数据时代已经到来，企业迫切希望从已经积累的数据中分析出有价值的内容，而用户行为分析显得尤为重要。利用大数据来分析用户的行为与消费习惯，可以预测商品销量的发展趋势，同时提高用户满意度，让企业拥有更加强大的市场竞争力。

本案例通过获取大数据平台中电子产品的评价数据，将数据进行多维度的分析整合，根据用户真实评论数据统计出每一款手机的性能参数，如手机外观、电池续航能力等。从用户角度来为每一款手机做用户画像，挖掘用户潜在需求，从而进行精准营销定位，完善产品搭建，带来更好的销售量。

7.1.2 系统功能需求

本案例旨在实现一个电商大数据分析平台，即实现电商网站手机属性、评论等数据的爬取与存储，结合 Spark 对数据进行离线分析处理，将处理结果存储在 MySQL 数据库中，最终结合 Apache Superset 以图表的形式展示数据，具体的功能需求如下。

（1）功能点：从目标网站爬取数据

功能描述：访问目标网址 https://www.jd.com/。

（2）功能点：查询手机列表信息

功能描述：在搜索框中输入手机，单击查询。

网址入口：https://search.jd.com/Search?keyword=%E6%89%8B%E6%9C%BA&enc=utf-8&wq=%E6%89%8B%E6%9C%BA&pvid=9149a588e66e477dbf9a6c2706faaa22。

目的：实现所抓取数据的电商平台总数、手机品牌数量、系统数据量、商品售后评价来源统计。

（3）功能点：查询某个手机的详细属性

功能描述：单击手机列表中的任一手机跳转到手机详细信息界面。

网址入口：https://item.jd.com/100034710036.html。

目的：获取手机属性，如支持国产、通话质量、功能、性价比、电池耐用度、系统流畅度、外观、屏幕尺寸、手机灵敏度等。

（4）功能点：查询某个手机的评论信息

功能描述：单击手机列表中的任一手机跳转到手机详细信息界面。

网址入口：https://sclub.jd.com/comment/productPageComments.action?callback= fetchJSON_comment98vv112617&productId=5089253&score=0&sortType=5&page=1&pageSize=10&isShadowSku=0&rid=0&fold=1

目的：通过对评论分词展示手机评论的主要情感信息，统计会员等级、价格区间、销量。

7.1.3 系统架构设计

本系统架构采用模块化设计，分为数据采集、数据清洗、数据存储、离线数据分析和结果展示模块。采用网络爬虫技术从淘宝和京东两大电商网站爬取手机产品的相关信息。将爬取到的数据发送到 Kafka 中，通过 Storm 从 Kafka 中读取数据并进行数据处理，将处理的结果存入 Hadoop 的分布式文件系统（HDFS）中。使用 Spark 进行离线数据分析，将统计结果存入到 MySQL 数据库中。最后集成 Apache Superset 图形，实现数据可视化、指标可视化、数据关系可视化，将数据分析结果通过精准、友好、快速的可视化界面全方位地展示给用户。系统架构如图 7-1 所示。

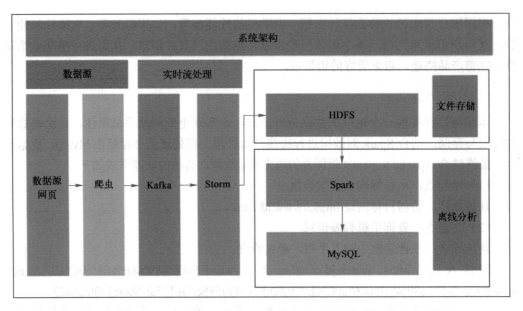

图 7-1　系统架构图

7.2　数据采集模块实现

本节主要介绍了爬取京东网站手机数据的思路和核心实现代码，即首先使用 Python 爬取京东手机属性信息和用户评论数据，将爬取到的数据存入不同的 CSV 文件，最后进行京东手机信息采集模块的调试分析。

7.2.1　商品信息爬取

1. 京东手机列表信息爬取

（1）设计思路

使用 Python 的 requests 库进行数据爬取。分析京东的手机页面，可以发现一页中有 60 个手机信息，后 30 个手机信息是动态加载的，所以前 30 个手机信息和后 30 个手机信息要分开获取。

首先获取前 30 个手机信息，通过使用 Chrome 浏览器进行网络抓包，找到包含手机信息的响应，观察不同页数的 URL，发现规律来构造 URL。接着构造 headers，需要先登录京东，然后在 headers 中加入 cookies、user.agent 等的值，这样可以模拟浏览器进行页面访问也不易被察觉。浏览器响应的是 HTML，所以使用 XPath 定位，按照 ID 或者 class 来提取相应标签下的属性或者文本信息，边爬取边处理数据。在爬取完一条手机数据后使用 CSV 库中的 writer 写入指定的 CSV 文件。如果是将手机信息存储在列表或其他容器中，在全部爬取结束后一次性写入 CSV 文件，则很容易出现中间出错而导致程序终止，之前的数据全部丢失的情况。

因为每一页的后 30 个手机信息是动态加载的，只有当鼠标滑动到后 30 个手机的位置，手机的信息才会被加载出来。依然是使用 Chrome 浏览器的 Network 抓包，选中 XHR 选项，当鼠标滑动到页面的下半部分，就会发现出现一个新的数据响应，通过观察多个页面的 URL，发现规律，使用规律来构造 URL。设置 headers 变量，在里面添加 cookie、user.agent 等信息模拟浏览器发送请求。响应的是 HTML 字符串，使用 XPath 定位，按照 ID 或者 class 来提取相应标签下的属性或者文本信息，边爬取边处理数据。在爬取完一条手机数据后使用 CSV 库中的 writer 写入指定的 CSV 文件。

在爬取的时候需要爬取评论数，评论数需要对手机的详情页面进行获取，响应的是 JSON 字符串，将 JSON 字符串处理成 Python 中字典的键值对形式，使用 json.loads 方法转换成字典，提取出评论数的数据。

爬取时京东一共有 50 页数据，相当于大约 3000 个手机信息，数量较多，所以在发送请求时使用 time 库的 sleep 函数让程序隔一段时间发送一次请求，这样不易于被服务器识别为爬虫程序，可以爬取到更多的数据。

（2）核心代码

1）获取前 30 个手机信息。

```
def crow_first(page):
    url =
    "https://search.jd.com/Search?keyword=%E6%89%8B%E6%9C%BA&wq=%E6%89%8B%E6%9
C%BA&page={}&s={}&click=0".format(2 * page - 1, (page - 1) * 60 + 1)
    response = requests.get(url, headers=headers)
    response.encoding = "utf-8"
    time.sleep(random.randint(1, 5))
    html = etree.HTML(response.text)
    li_list = html.xpath('//div[@id="J_goodsList"]/ul/li')
    id_list = []
    with open("./data/JD_phone.csv", "a", encoding="utf-8", newline="") as f:
        writer = csv.writer(f)
        for li in li_list:
            p_id = li.xpath("@data-sku")[0]
            id_list.append(p_id)
            p_price = li.xpath('div/div[@class="p-price"]/strong/i/text()')[0]
            p_detail = 'https:' + li.xpath('div/div[@class="p-name  p-name-
type-2"]/a/@href')[0].replace('https:', '')
            p_comment = comment(p_detail)
            p_name       =       li.xpath('div/div[@class="p-name       p-name-type-
2"]/a/em/text()')[0].strip()
            try:
                p_shop = li.xpath('div/div[@class="p-shop"]/span/a/text()')[0]
            except:
                p_shop = 'null'
            try:
                p_model = li.xpath('div/div[@class="p-icons"]/i[@class="goods-
```

```
icons J-picon-tips J-picon-fix"]/text()')[0]
                except:
                    p_model = 'null'
                writer.writerow([p_name, p_id, p_price, p_comment, p_shop, p_detail,
p_model])
                print("商品名称: " + p_name, "商品 ID: " + p_id, "价格: " + p_price,
"评论数: " + p_comment, "店铺名称:" + p_shop, "详情链接:" + p_detail, "是否自营:" + p_model)
```

2）获取后 30 个手机信息。

```
def crow_last(page):
    url =
"https://search.jd.com/s_new.php?keyword=%E6%89%8B%E6%9C%BA&page={}&s={}&s
crolling=y&log_id={}".format(page * 2, 48 * page - 20, '%.5f' % time.time())
    r = requests.get(url, headers=headers)
    r.encoding = "utf-8"
    time.sleep(5)
    html = etree.HTML(r.text)
    li_list = html.xpath('//li[@data-sku]')
    with open("./data/JD_phone.csv", "a", encoding="utf-8", newline="") as f:
        writer = csv.writer(f)
        for li in li_list:
            p_id = li.xpath("@data-sku")[0]
            p_price = li.xpath("div/div[@class='p-price']/strong/i/text()")[0]
            p_detail = 'https:' + li.xpath('div/div[@class="p-name p-name-
type-2"]/a/@href')[0].replace('https:', '')
            p_comment = comment(p_detail)
            p_name = li.xpath("div/div[@class='p-name p-name-type-2']/a/em/text()")
[0].strip()
            try:
                p_shop = li.xpath("div/div[@class='p-shop']/span/a/@title")[0]
            except:
                p_shop = "null"
            try:
                p_model = li.xpath("div/div[@class='p-icons']/i[@class='goods-
icons J-picon-tips J-picon-fix']/text()")[0]
            except:
                p_model = 'null'
            writer.writerow([p_name, p_id, p_price, p_comment, p_shop, p_detail,
p_model])
            print("商品名称: " + p_name, "商品 ID: " + p_id, "价格: " + p_price,
"评论数: " + p_comment, "店铺名称:" + p_shop, "详情链接:" + p_detail, "是否自营:" +
p_model)
```

3）获取评论数。

```
def comment(p_detail):
    url =
    "https://club.jd.com/comment/productCommentSummaries.action?referenceIds
={}&_={}" \
.format(re.findall('//item.jd.com/(.*?).html', p_detail)[0], ('%.3f' % time.time()).
replace('.', ''))
    content =
        requests.get(url, headers=headers).text.replace('{"CommentsCount":[', '').replace
(']}', '')
    dict_content = json.loads(content)
    return dict_content.get('CommentCountStr', 'null')
```

2. 京东手机详情信息爬取

（1）设计思路

本部分的设计是建立在已经把手机的基本信息爬取成功并存入 CSV 文件的基础上。
请求详情页的 URL 在爬取手机基本信息的时候已经保存到了 CSV 文件中。所以需要使
用 CSV 库中的 reader 方法读取出相应列的内容。除了读取详情页链接那一列的内容之
外，还要读取商品 ID 那一列，用来构造 headers 中 path 的值。

使用从 CSV 文件中读取出来的 URL 和构造的 headers 模拟浏览器发送请求，获取响
应，返回的是 HTML 字符串，使用 XPath 定位，按照 ID 或者 class 来提取相应标签下的
属性或者文本信息。手机的详细信息全部都是在<li>标签下，也没有特别的标记表明这
个<li>标签中的内容是运行内存还是屏幕分辨率等，所以需要编写 if 语句进行判断，再
使用 replace 函数把多余部分替换掉，提取出有用的部分写入 CSV 文件中。

（2）核心代码

1）读取 CSV 文件中的内容。

```
def read(filename):
    urldata = []
    with open(filename, encoding="utf-8") as f:
        csv_reader = csv.reader(f)
        next(csv_reader)
        for row in csv_reader:
            urldata.append({"productId": row[1], "url": row[5]})
    return urldata
```

2）提取<li>标签下的内容。

```
def getResult(patternStr, text):
    result = ""
    try:
        if (patternStr in text):
```

199

```
                result = text.replace(patternStr, "")
        except:
            result = "null"
        if result == "":
            result = "null"
        return result
```

3）爬取详情页的手机详细信息并存入 CSV 文件。

```
def scrap(urldata, outFilename):
    for index in range(len(urldata)):
        data = urldata[index]
        url = data["url"]
        print("正在爬取第{}个网页,url={}".format(index + 1, url))
        r = requests.get(url, headers=headers)
        r.encoding = "utf-8"
        html = etree.HTML(r.text)
        try:
            brand = html.xpath('//*[@id="parameter-brand"]/li/@title')[0]
        except:
            brand = "null"
        print("brand = ", brand)
        datas = html.xpath('//*[@id="detail"]/div[2]/div[1]/div[1]/ul[3]')
        if len(datas) == 0:
            datas = html.xpath('//*[@id="detail"]/div[2]/div[1]/div[1]/ul[2]')
        print(len(datas))
        with open(outFilename, "a", encoding="utf-8",newline="") as f:
            writer = csv.writer(f)
            for data in datas:
                productName = "null"
                productId = "null"
                productWeight = "null"
                productHome = "null"
                system = "null"
                productThickness = "null"
                camera = "null"
                battery = "null"
                screen = "null"
                function = "null"
                runningMemory = "null"
                frontCameraElement = "null"
                backCameraElement = "null"
                systemMemory = "null"
                for lidata in data:
                    txt = lidata.text
```

200

```
                if productName == "null":
                    productName = getResult("商品名称: ", txt)
                if productId == "null":
                    productId = getResult("商品编号: ", txt)
                if productWeight == "null":
                    productWeight = getResult("商品毛重: ", txt)
                if productHome == "null":
                    productHome = getResult("商品产地: ", txt)
                if system == "null":
                    system = getResult("操作系统: ", txt)
                if productThickness == "null":
                    productThickness = getResult("机身厚度: ", txt)
                if camera == "null":
                    camera = getResult("摄像头数量: ", txt)
                if battery == "null":
                    battery = getResult("充电器: ", txt)
                if screen == "null":
                    screen = getResult("分辨率: ", txt)
                if function == "null":
                    function = getResult("热点: ", txt)
                if runningMemory == "null":
                    runningMemory = getResult("运行内存: ", txt)
                if frontCameraElement == "null":
                    frontCameraElement = getResult("前摄主摄像素: ", txt)
                if backCameraElement == "null":
                    backCameraElement = getResult("后摄主摄像素: ", txt)
                if systemMemory == "null":
                    systemMemory = getResult("机身存储: ", txt)
    data = [brand, productName, productId, productWeight, productHome, system,
productThickness, camera, battery, screen, function, runningMemory, frontCameraElement,
backCameraElement, systemMemory]
                print(data)
                writer.writerow(data)
        f.close()
        time.sleep(random.randint(1,3))
```

3. 京东手机评论信息爬取

（1）设计思路

本部分的设计建立在已经把手机的基本信息爬取成功并存入 CSV 文件的基础上。请求详情页的 URL 在爬取手机基本信息的时候已经保存至 CSV 文件中，所以需要使用 CSV 库中的 reader 方法读取出相应列的内容。除了读取详情页链接那一列的内容之外，还要读取商品 ID 一列，用来构造 headers 中 Referer 的值。

使用从 CSV 文件中读取出来的 URL 和构造的 headers 模拟浏览器发送请求，获取响应，返回的是 JSON 格式的字符串，将返回结果的首尾处理成 Python 的字典形式，再使用 json.loads 方法将其转变为字典，可以使用键来获取对应的值，并将值处理成指定的形式。每处理完一条评论的内容就写入到指定的 CSV 文件中。

（2）核心代码

1）读取 CSV 文件。

```python
def read(filename):
    urldata = []
    with open(filename, encoding="utf-8") as f:
        csv_reader = csv.reader(f)
        next(csv_reader)
        for row in csv_reader:
            urldata.append({"id": row[0], "url": "https://detail.tmall.com/item.htm?id={}&ns=1&abbucket=7".format(row[0])})
    return urldata
```

2）模拟浏览器发送请求，获取响应，并写入 CSV 文件。

```python
def scrap(urldata, outFilename):
    for index in range(len(urldata)):
        data = urldata[index]
        url = "https://club.jd.com/comment/productPageComments.action?productId={}&score=0&sortType=5&page=0&pageSize=10&isShadowSku=0&fold=1".format(data["productId"])
        print("正在爬取第{}个网页,url={}".format(index + 1, url))
        r = requests.get(url, headers=headers)
        r.encoding = "gbk"
        r = r.text.replace("fetchJSON_comment98(", "").replace(");", "")
        time.sleep(random.randint(1, 3))
        jsonStr = json.loads(r)
        productId = jsonStr["productCommentSummary"]["productId"]
        print(productId)
        comments = jsonStr["comments"]
        with open(outFilename, 'a', encoding="utf-8", newline="")as f:
            write = csv.writer(f)
            for comment in comments:
                try:
                    id = comment["id"]
                except:
                    id = "null"
                try:
                    guid = comment["guid"].replace("\n", "").replace("\r", "").replace(",", "，")
                except:
                    guid = "null"
```

202

```
                    try:
                        content = comment["content"].replace("\n", "").replace("\r",
"").replace(",", ", ")
                    except:
                        content = "null"
                    try:
                        creationTime = comment["creationTime"].replace("\n", "").replace
("\r", "").replace(",", ", ")
                    except:
                        creationTime = "null"
                    try:
                        referenceId = comment["referenceId"].replace("\n", "").replace
("\r", ""). replace(",", ", ")
                    except:
                        referenceId = "null"
                    try:
                        referenceTime = comment["referenceTime"].replace("\n", "").replace
("\r", "").replace(",", ", ")
                    except:
                        referenceTime = "null"
                    try:
                        score = comment["score"]
                    except:
                        score = "null"
                    try:
                        nickname = comment["nickname"].replace("\n", "").replace("\r",
""). replace(",", ", ")
                    except:
                        nickname = "null"
                    try:
                        productColor = comment["productColor"].replace("\n", "").replace
("\r", "").replace(",", ", ")
                    except:
                        productColor = "null"
                    try:
productSize = comment["productSize"].replace("\n", "").replace("\r", "").replace
(",", ", ")
                    except:
                        productSize = "null"
                    data = [id, productId, guid, content, creationTime, referenceId,
referenceTime, score, nickname, productColor, productSize]
                    write.writerow(data)
    f.close()
```

4．淘宝手机列表信息爬取

（1）使用 requests

1）设计思路。

使用 Chrome 浏览器查看网页源代码，查看结果如图 7-2 所示。可以看到，该页的手机相关信息都包含在其中。观察多个页面的 URL，发现规律。通过发现的规律在代码中使用循环的方式构造 URL 并将登录淘宝页面以后获取保存在本地的 Cookie 值添加到 headers 中，在请求的时候使用。使用 requests 库的 get 方法模拟浏览器发送请求，获取响应。使用正则表达式匹配相应的内容，再使用 json.loads 方法将 JSON 字符串转换为 Python 的字典格式，方便按照相应的键提取出相应的值，对值进行处理并将其写入 CSV 文件。


```
<script>

g_page_config = {"pageName":"mainsrp","mods":{"shopcombotip":{"status":"hide"},"phonenav":{"status":"hide"},"debugbar":{"status":"hide"},"shopcombo":{"status":"hide"},"itemlist":{"status":"show","data":{"postFeeText":"运费","trace":"msrp_auction","auctions":[{"p4p":1,"p4pSameHeight":true,"nid":"624566427239","category":"","pid":"","title":"【送天猫精灵】OPPO K7 oppok7\u003cspan class\u003dH\u003e手机\u003c/span\u003e新款上市oppo5g新品0pp0k7 a92s k5 k3 k1 oppo官网旗舰店 官方 未来","raw_title":"OPPO K7正品手机新款上市官方旗舰店","pic_url":"//g-search1.alicdn.com/img/bao/uploaded/i4/imgextra/i3/108126899/O1CN01MZQvzg20pn65JJdNQ_!!0-saturn_solar.jpg","detail_url":"https://click.simba.taobao.com/cc_im?p\u003d%CA%D6%BB%FA\u0026s\u003d1821184139\u0026k\u003d493\u0026e\u003dlqnqFuZdfiZeVxhcdatEMH0JcqLR7mdbt3rDun68eBnFJA4X2866SFJa0iKJ8JN2Mn0XfXi6JGobMb0OYd441IvFKmh%2FIfLDk5I52CiLy9Cua4jUI4iTPNzUI3SUoNMvbnZfpBGZntZdNBqq92%2BIpR8cpQRjd8vJaCxaU%2FEhx%2BaZDi46J81DVD7FEImoSkwNS6DlTkjsxk3E3J19pNqz8nbdVQ2YJEhJts02AropcfAzXnF%2FusIU9XAtFalVTCYzikQy8aNlaZSr0F1%2BlHnA9qE9yjY8FYh0%2FWPIRCgGuyF8M95IjTtz7QpvuZ6%2B8j3i5m7Cn9r5n8TDO3fcQuC9WON%2FKsL01K%2BrEWBUGgYH%2FpcdvmrxQnHyhjxM09ryUKoWEGbA7XoMH611aKH6SMAp6SooAtst5k2VVnGjVOGxHHZ33QTQ09z4bGLibcTeM1EgQJGoLjMgHc9FWzXDs3hAOte%2FLQIxvVDB1MVNERNt594%3D","view_price":"1999.00","view_fee":"0.00","item_loc":"广东 深圳","view_sales":"114人付款","comment_count":"","user_id":"2386434092","nick":"oppo晋天精诚专卖店","shopcard":{"levelClasses":[],"isTmall":true,"delivery":[0,1,2947],"description":[0,1,4717],"service":[0,1,3404],"encryptedUserId":"UvCv4MCQGMmNSvgTT"},"icon":[{"title":"掌柜热卖宝贝","dom_class":"icon-service-remai","position":"1","show_type":"0","icon_category":"baobei","outer_text":"0","html":"","icon_key":"icon-service-remai","trace":"srpservice","traceIdx":0,"innerText":"掌柜热卖宝贝","url":"//re.taobao.com/search?keyword\u003d%CA%D6%BB%FA\u0026refpid\u003d420432_1006\u0026frcatid\u003d\u0026"},{"title":"尚天猫，就购了","dom_class":"icon-service-tianmao","position":"1","show_type":"0","icon_category":"baobei","outer_text":"0","html":"","icon_key":"icon-service-tianmao","trace":"srpservice","traceIdx":1,"innerText":"天猫宝贝"},{"title":"公益宝贝","dom_class":"icon-fest-gongyibaobei","position":"2","show_type":"0","icon_category":"baobei","outer_text":"0","html":"","icon_key":"icon-fest-gongyibaobei","trace":"srpservice","traceIdx":2,"innerText":"公益宝贝"}],"isHideIM":true,"isHideNick":false,"comment_url":"https://click.simba.taobao.com/cc_im?p\u003d%CA%D6%BB%FA\u0026s\u003d1821184139\u0026k\u003d493\u0026e\u003dlqnqFuZdfiZeVxhcdatEMH0JcqLR7mdbt3rDun68eBnFJA4X2866SFJa0iKJ8JN2Mn0XfXi6JGobMb0OYd441IvFKmh%2FIfLDk5I52CiLy9Cua4jUI4iTPNzUI3SUoNMvbnZfpBGZntZdNBqq92%2BIpR8cpQRjd8vJaCxaU%2FEhx%2BaZDi46J81DVD7FEImoSkwNS6DlTkjsxk3E3J19pNqz8nbdVQ2YJEhJts02AropcfAzXnF%2FusIU9XAtFalVTCYzikQy8aNlaZSr0F1%2BlHnA9qE9yjY8FYh0%2FWPIRCgGuyF8M95IjTtz7QpvuZ6%2B8j3i5m7Cn9r5n8TDO3fcQuC9WON%2FKsL01K%2BrEWBUGgYH%2FpcdvmrxQnHyhjxM09ryUKoWEGbA7XoMH611aKH6SMAp6SooAtst5k2VVnGjVOGxHHZ33QTQ09z4bGLibcTeM1EgQJGoLjMgHc9FWzXDs3hAOte%2FLQIxvVDB1MVNERNt594%3D\u0026on_comment\u003d1","shopLink":"https://click.simba.taobao.com/cc_im?p\u003d%CA%D6%BB%FA\u0026s\u003d1821184139\u0026k\u003d449\u0026e\u003dUgd%2F5vgCrwNeVxhcdatEMH0JcqLR7mdbt3rDun68eBnFJA4X2866SFJa0iKJ8JN2Mn0XfXi6JGo5nslhyGlcDIvFKmh%2FIfLDk5I52CiLy9Cua4jUI4iTPNzUI3SUoNMvbnZfpBGZntZdNBqq92%2BIpR8cpQRjd8vJaCxaU%2FEhx%2BaZDi46J81DVD7FEImoSkwNS6DlTkjsxk3E3J19pNqz8nbdVQ2YJEhJts02AropcfAzXnF%2FusIU9XAtFalVTCYzikQy8aNlaZSr0F1%2BlHnA9qE9yjY8FYh0%2FWPIRCgGuyF8M95IjTtz7ZFwN04jqM0JxaRSt51%2FRvl2oLPqXTICg9Sh9NvNit81%2Fh0%2FkyWxi%2F%2FjGq5fi%2FwiBwAj7SXcdGKc26Rfz5QubFIvJjwMjWi9L%2Bi0A1JCNqNS0RB6Me7y6svGpaGCT%2BWXbJxh1gBHuzYj"},{"i2iTags":{"samestyle":{"url":""},"similar":{"url":"/search?type\u003dsimilar\u0026app\u003di2i\u0026rec_type\u003d0\u0026uniqpid\u003d\u0026nid\u003d619743664430"}},"p4pTags":[],"nid":"619743664430","category":"1512","pid":"","title":"【现货速发】红米10X 5G\u003cspan class\u003dH\u003e手机\u003c/span\u003eXiaomi/小米Redmi 10X 官方正品5G版\u003cspan class\u003dH\u003e手机\u003c/span\u003enote8全网通9青春全新正品pro","raw_title":"【现货速发】红米10X 5G手机Xiaomi/小米Redmi 10X 官方正品5G版手机note8全网通9青春全新正品pro","pic_url":"//g-search3.alicdn.com/img/bao/uploaded/i4/i2/292642853/O1CN01VYUp861Wwic101MpG_!!0-item_pic.jpg","detail_url":"//detail.tmall.com/item.htm?id\u003d619743664430\u0026ad_id\u003d\u0026am_id\u003d\u0026cm_id\u003d140105335569ed55e27b\u0026pm_id\u003d\u0026abbucket\u003d9","view_price":"1449.00","view_fee":"0.00","item_loc":"北京","view_sales":"0人付款","comment_count":"49","user_id":"292642853","nick":"民讯通数码专营店","shopcard":{"levelClasses":[{"levelClass":"icon-supple-level-guan"},{"levelClass":"icon-supple-level-guan"}],"isTmall":true,"delivery":[479,-1,183],"description":[483,-1,73],"service":
```


图 7-2　淘宝手机页面源代码

在处理销售量这一数值的时候，由于获取到的内容是“xx 人付款”，使用正则表达式将前面的数字提取出来，有“xx 万人付款”或“xx+人付款”这种内容，也都是使用正则表达式提取出来，有“万”的话，将字符串转变为 Float 类型以后再乘以 10000 即可。

2）核心代码。

● 过滤出手机的相关信息。

```
def Filter(mobile_infos, outputFile):
    with open(outputFile, "a", encoding="utf-8", newline="", ) as f:
        writer = csv.writer(f)
        for info in mobile_infos:
            #商品名称
            raw_title = info["raw_title"]
            #商品价格
            view_price = info["view_price"]
            #店铺位置
            item_loc = info["item_loc"].replace(" ", "")
            #店铺名
            nick = info["nick"]
```

```
#ID
nid = info["nid"]
#销量
sale = re.search(r'(\d+.?\d*).*人付款', info["view_sales"]).group(1)
if sale[-1] == "+":
    sale = sale[:-1]
if "万" in info["view_sales"]:
    sale = float(sale) * 10000
writer.writerow([raw_title, view_price, item_loc, nick, nid, sale])
print("======= len(mobile_infos) " + str(len(mobile_infos)) + " =======")
```

● 模拟浏览器发送请求，获取响应。

```
def spider(page, outputFile):
    mobiles = []
    url =
"https://s.taobao.com/search?q=%E6%89%8B%E6%9C%BA&imgfile=&js=1&stats_click=s
earch_radio_all%3A1&initiative_id=staobaoz_20201130&ie=utf8&bcoffset={}&ntoffset={
}&p4ppushleft=1%2C48&s={}".format(9 - 3 * page, 9 - 3 * page, 44 * page - 44)
    r = requests.get(url, headers=headers)
    match_obj = re.search(r'g_page_config = (.*?)};', r.text)
    mobile_infos        =        json.loads(match_obj.group(1)        +
')')['mods']['itemlist']['data']['auctions']
    Filter(mobile_infos, outputFile)
```

（2）使用 Selenium

1）设计思路。

Selenium 是 ThoughtWorks 专门为 Web 应用程序编写的一个验收测试工具。Selenium 测试直接运行在浏览器中，可以模拟真实用户的行为。支持的浏览器包括 IE(7、8、9)、Mozilla Firefox、Mozilla Suite 等。这个工具的主要功能包括：①测试与浏览器的兼容性，即测试应用程序是否能够很好地工作在不同浏览器和操作系统之上。②测试系统功能，即创建回归测试检验软件功能和用户需求。

使用 Selenium 编写代码操作浏览器。首先是请求淘宝网官网。进入官网以后显示用自己的淘宝账号登录网站，否则之后在请求手机页面的时候会出现错误。登录完成以后，通过 XPath 定位到搜索框，填入搜索关键词"手机"，即可跳转到手机页面。使用 find_elements_by_xpath、find_elements_by_id 或 find_elements_by_class 等方式对标签元素进行定位，再使用".text"方法获取标签下的文本信息，使用".get_attribute"获取标签元素中的属性值。在获取到值以后，对值进行处理，最后将一部手机的相关信息存入 CSV 文件中。

将一页中的手机信息全部获取完毕以后，需要跳转到下一页，使用 find_element_by_xpath 方法定位到页面下方指定页数的输入框，使用 send_keys 方法向其中填入下一页的页码，再使用 find_element_by_xpath 方法定位到"确定"按钮，使用 click 方法模拟单击即可跳转到下一页。注意，要使用 clear 方法将已经填入的数据清除，否则在下一次填入的时候该数值还会保留。比如，想要跳转第 2 页输入 2 以后，再想跳转到第 3 页，输入 3，这时如果没有清除，那么输入框中的数据就是 23，不符合爬虫的逻辑。

2）核心代码。

● 使用账号密码登录淘宝网。

```python
def login():
    web_driver.get("https://www.taobao.com/")
    web_driver.find_element_by_xpath('//*[@id="J_SiteNavLogin"]/div[1]/div[1]/a[1]').click()
    time.sleep(3)
    web_driver.find_element_by_id("fm.login.id").send_keys("")
    web_driver.find_element_by_id("fm.login.password").send_keys("")
    web_driver.find_element_by_xpath('//*[@id="login.form"]/div[4]/button').click()
    time.sleep(3)
    web_driver.find_element_by_id("q").send_keys("手机")
    web_driver.find_element_by_xpath('//*[@id="J_TSearchForm"]/div[1]/button').click()
    time.sleep(3)
    web_driver.find_element_by_id('tabFilterMall').click()
    time.sleep(3)
```

● 爬取数据。

```python
def spider():
    prices = web_driver.find_elements_by_xpath(
        '//*[@id="mainsrp.itemlist"]/div/div/div[1]/div/div[2]/div[1]/div[1]/strong')
    sales = web_driver.find_elements_by_xpath(
        '//*[@id="mainsrp.itemlist"]/div/div/div[1]/div/div[2]/div[1]/div[2]')
    raw_titles = web_driver.find_elements_by_xpath(
        '//*[@id="mainsrp.itemlist"]/div/div/div[1]/div/div[2]/div[2]')
    shops = web_driver.find_elements_by_xpath(
        '//*[@id="mainsrp.itemlist"]/div/div/div[1]/div/div[2]/div[3]/div[1]/a/span[2]')
    locs = web_driver.find_elements_by_xpath(
        '//*[@id="mainsrp.itemlist"]/div/div/div[1]/div/div[2]/div[3]/div[2]')
    ids = web_driver.find_elements_by_xpath(
        '//*[@id="mainsrp.itemlist"]/div/div/div[1]/div/div[2]/div[2]/a')
    with open(outputFile, "a", encoding="utf-8", newline="") as f:
        writer = csv.writer(f)
        for index in range(len(ids)):
            id = ids[index].get_attribute("data.nid")
            raw_title = raw_titles[index].text
            price = prices[index].text
            loc = locs[index].text.replace(" ", "")
```

```
                shop = shops[index].text
                sale = re.search(r'(\d+.?\d*).*人付款', sales[index].text).group(1)
                if sale[.1] == "+":
                    sale = sale[:-1]
                if "万" in sales[index].text:
                    sale = float(sale) * 10000
                writer.writerow([id, raw_title, price, loc, shop, sale])
    f.close()
    print("======len(shops)={}======".format(len(ids)))
```

● 跳转到下一页。

```
def next_page(page):
    js = "var q=document.documentElement.scrollTop=100000"
    web_driver.execute_script(js)
    time.sleep(2)
    input =web_driver.find_element_by_xpath(
            '//*[@id="mainsrp.pager"]/div/div/div/div[2]/input')
    submit = web_driver.find_element_by_xpath(
            '//*[@id="mainsrp.pager"]/div/div/div/div[2]/span[3]')
    input.clear()
    input.send_keys(page + 1)
    submit.click()
    time.sleep(5)
```

5. 淘宝手机详情信息爬取

（1）设计思路

本部分的设计建立在已经成功获取淘宝手机的基本信息并成功存入 CSV 文件中的基础上。读取 CSV 文件中的第 0 列 ID 信息和第四列 shop 商品店铺信息。ID 用来构造详情页的 URL，使用商品店铺名称来判断该商品是否来源于天猫超市，如果该商品来源于"天猫超市"，则商品详情页没有可以爬取的手机详情信息，跳过该页面；如果该商品不是来自"天猫超市"，则再进　步操作获取手机详情信息。

首先模拟浏览器进入淘宝网首页，输入账号密码登录，否则在之后的网页请求时会弹出对话框提示登录。

登录以后使用已有的 ID 构造 URL，请求手机详情页面。不停地请求新的页面会打开很多个窗口，所以在将某一页的手机详情爬取完毕以后，要关闭这个窗口。使用 web_driver.window_handles 获取目前所有的窗口句柄，使用 web_driver.switch_ to.window (all_handles[0])切换到当前窗口，web_driver.close()关闭操作结束的窗口。

当打开某一手机商品详情页以后，设计 JS 代码向下滑动指定的距离，使用 web_ driver.execute_script(js)执行该 JS 代码，再使用 find_element_by_xpath 获取相应标签下的文本内容。除了手机的品牌信息，其他的详细信息都在一个字符串中，使用"\n"分割，所以使用 split 方法将一个长字符串分割，并存到列表中。使用 for 循环遍历该列表，在循环中判断该项的具体内容，再使用 replace 方法将多余的内容替换成空串，存入相应的变量中，或者使用 split 方法按照"："或者":"分割，提取出下标为.1 的内容，存入对应的变量中。因为不是所有的手机详情信息都很完整，如果该手机有的属性没有值，则用"null"填充。处理好一条手机的详情信息以后，写入指定的 CSV 文件中。

（2）核心代码

1）读取 CSV 文件。

```
def read(filename):
    urldata = []
    with open(filename, encoding="utf-8") as f:
        csv_reader = csv.reader(f)
        next(csv_reader)
        for row in csv_reader:
            urldata.append(
                {"url": "https://detail.tmall.com/item.htm?id={}&ns=1&abbucket=7"
                    .format(row[0]), "shop": row[4]})
    return urldata
```

2）登录淘宝网。

```
def login():
    web_driver.get("https://www.taobao.com/")
    web_driver.find_element_by_xpath('//*[@id="J_SiteNavLogin"]/div[1]/div[1]/a[1]').click()
    time.sleep(3)
    web_driver.find_element_by_id("fm.login.id").send_keys("")
    web_driver.find_element_by_id("fm.login.password").send_keys("")
    web_driver.find_element_by_xpath('//*[@id="login.form"]/div[4]/button').click()
```

3）爬取并处理数据。

```
def spider():
    urllist = read("./data/TB_phone_list_with_no_repeat.csv")
    for index in range(len(urllist)):
        if urllist[index]["shop"] == "天猫超市":
            print("第{}个手机来自天猫超市".format(index + 1))
            continue
        web_driver.execute_script("window.open('" + urllist[index]["url"] + "');")
        time.sleep(9)
        web_driver.close()
        all_handles = web_driver.window_handles
        web_driver.switch_to.window(all_handles[0])
        js = "var q=document.documentElement.scrollTop=1100"
```

```python
web_driver.execute_script(js)
time.sleep(8)
brand = web_driver.find_element_by_xpath('//*[@id="J_BrandAttr"]/div/b').text
context = web_driver.find_element_by_xpath('//*[@id="J_AttrUL"]').text
context = context.split("\n")
certificateNumber = "null"
certificateStatus = "null"
productName = "null"
specification = "null"
model = "null"
color = "null"
runningMemory = "null"
storage = "null"
network = "null"
CPUModel = "null"
print("======len(content)={}======".format(len(context)))
print(urllist[index]["url"])
for con in context:
    if "证书编号" in con:
        certificateNumber = con.replace("证书编号: ", "")
        continue
    if "证书状态" in con:
        certificateStatus = con.replace("证书状态: ", "")
        continue
    if "产品名称" in con:
        if productName == "null":
            productName = con.replace("产品名称: ", "")
        else:
            productName += "," + con.replace("产品名称: ", "")
        continue
    if specification == "null" and "3C 规格型号" in con:
        specification = con.replace("3C 规格型号: ", "")
        continue
    if specification == "null" and "3C 产品型号" in con:
        specification = con.replace("3C 产品型号: ", "")
    if CPUModel == "null" and con != "CPU 型号: CPU 型号" and "CPU 型号" in con:
        CPUModel = con.replace("CPU 型号: ", "")
        continue
    if model == "null" and "型号" in con:
        model = con.split("型号: ")[.1]
        continue
    if "机身颜色" in con:
        color = con.replace("机身颜色: ", "")
```

209

```
                    continue
            if "运行内存" in con:
                runningMemory = con.replace("运行内存RAM: ", "")
                continue
            if "存储容量" in con:
                storage = con.replace("存储容量: ", "")
                continue
            if "网络模式" in con:
                network = con.replace("网络模式: ", "")
                continue
        with open(outputFile, "a", encoding="utf-8", newline="") as f:
            writer = csv.writer(f)
            writer.writerow([brand, certificateNumber, certificateStatus, productName,
specification, model, color,runningMemory, storage, network, CPUModel])
        f.close()
        print([brand, certificateNumber, certificateStatus, productName, specification,
model, color, runningMemory,storage, network, CPUModel])
        print("======第{}个手机详细信息爬取成功======".format(index + 1))
```

7.2.2 调试分析

爬取京东手机列表信息过程图如图7-3所示。

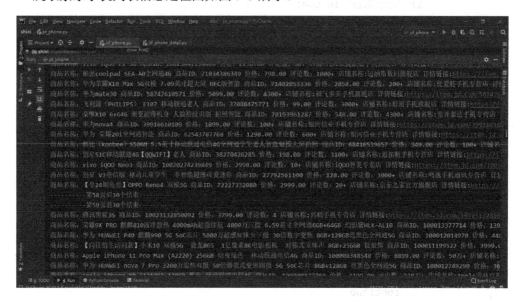

图7-3 爬取京东手机列表信息过程图

使用pandas去重以后，剩下2454条数据，如图7-4所示。

2449	【现货速发】华为麦芒9 5G双模六频全网通	71981176251	2399.0	60+	OKSJ手机旗舰店	https://item.jd.com/71981176251.html	NaN
2450	三星 Galaxy S10+ 骁龙855 4G	10022949675467	4259.0	40+	掌视界数码旗舰店	https://item.jd.com/10022949675467.html	NaN
2451	华为 HUAWEI 畅享10 Plus 安卓智能 二手	70303267311	1149.0	100+	拍拍二手官方旗舰店	https://item.jd.com/70303267311.html	NaN
2452	【已降1000+碎屏险】OPPO Find X2 Pro	65595297313	5999.0	400+	OPPO酷炫手机专卖店	https://item.jd.com/65595297313.html	NaN
2453	【二手9成新】小米8 全面屏拍照游戏 骁龙845 二手	59842320392	1558.0	700+	鑫都二手手机专营店	https://item.jd.com/59842320392.html	品质溯源

2454 rows × 7 columns

```
4]: df1.to_csv("JD_phone_list_with_no_repeat.csv",index=0)
```

图 7-4　pandas 去重之后的手机列表信息

在爬取评论的时候，出现如图 7-5 所示错误提示，原因是 brand=null。

```
Traceback (most recent call last):
  File "D:/pycharm_workspace/jd_phone_comment.py", line 103, in <module>
    scrap(urldata, outFilename)
  File "D:/pycharm_workspace/jd_phone_comment.py", line 38, in scrap
    r = requests.get(url, headers=headers).content.decode().replace("fetchJSON_
comment98(", "").replace(");",
    UnicodeDecodeError: 'utf-8' codec can't decode byte 0xcd in position 134:
invalid continuation byte
```

| 商品详情 | 规格与包装 | 评价(400+) | 售后服务 | 同店推荐 | | 加入购物车 |

商品名称: 诺基亚（NOKIA）8110 4G复刻版经典滑…　商品编号: 27551321924　　　　店铺: amazing world海外专营店
商品毛重: 1.0kg

图 7-5　商品详情特例

7.3　数据处理与存储模块实现

本节首先介绍了结合 Spark 技术对手机数据进行分析处理的思路和核心实现代码，然后介绍了数据库中所涉及数据表的设计，最后对数据处理模块进行了调试分析。

7.3.1　信息分析与处理

（1）设计思路

结合 Spark 对文件进行处理，统计后将结果存入 MySQL 数据库中。本书使用分布式内存计算框架 Spark 2.x 来实现业务分析，该案例主要涉及模块为 Spark Core、Spark SQL。要使用 Spark，首先需要初始化一个与 Spark 集群交互的上下文，即 SparkSession，然后进行数据处理、指标计算两个核心过程，计算完成后，销毁 SparkSession，释放资源。

（2）核心代码

1）对评论数据进行分析。

```
com.cz.comment.CommentAnaly
public class CommentAnaly {
    public static void main(String[] args){
        //数据库配置
        MysqlConfig mysqlConfig=new MysqlConfig();
        Properties connectionProperties = mysqlConfig.getMysqlProp();
        String url=connectionProperties.get("url")+"";
        //Spark 启动模式单机
        SparkConf conf = new SparkConf().setAppName("HelloWorld").setMaster("local[8]");
        JavaSparkContext sc = new JavaSparkContext(conf);
        SQLContext sqlContext = new SQLContext(sc);
        SparkSession spark = SparkSession.builder().config(conf).getOrCreate();
        String textInput="data/jd_comment.csv";     //手机评论信息本地文件
        JavaRDD<String> personData = sc.textFile(textInput);    //写入的数据内容
        /**
        * 第一步：
        */
        //1.过滤第一行标题数据
        String headers=personData.first();
        personData = personData.filter(new Function<String, Boolean>() {
            @Override
            public Boolean call(String s) throws Exception {
                return !s.equals(headers);
            }
        });
        //2.在 RDD 的基础上创建类型为 Row 的 RDD
        //将 RDD 变成类型为 Row 的 RDD。Row 可以简单理解为 Table 的一行数据
        JavaRDD<CommentBean> commentBeanJavaRDD = personData.map(new Function<String,
CommentBean>() {
            @Override
            public CommentBean call(String line) throws Exception {
                CommentBean commentBean=new CommentBean();
                String[] splited = line.split(",");
                if(splited.length==12){
                    commentBean.setId(splited[0]);
                    commentBean.setProduct_id(splited[1]);
                    commentBean.setGuid(splited[2]);
                    commentBean.setContent(splited[3]);
                    commentBean.setCreate_time(splited[4]);
                    commentBean.setReference_id(splited[5]);
                    commentBean.setReference_time(splited[6]);
                    commentBean.setScore(splited[7]);
```

212

```
                    commentBean.setNickname(splited[8]);
                    commentBean.setUser_level(splited[9]);
                    commentBean.setIs_mobile(splited[10]);
                    commentBean.setUser_client(splited[11]);
            }
            return commentBean;
        }
    });
    /**
     *第二步:
     */
    //1.Jieba 分词统计评论中词语出现次数
    JavaRDD<String> words=commentBeanJavaRDD.flatMap(commentBean ->{
        JiebaSegmenter segmenter = new JiebaSegmenter();
        List<String> result=new ArrayList<>();
        if(commentBean.getContent()!=null){
            result=segmenter.sentenceProcess(commentBean.getContent());
        }
        return result.iterator();
    });
    JavaPairRDD<String,Integer> fenciResult=words.mapToPair(new PairFunction< String,
String, Integer>() {
        @Override
        public Tuple2<String, Integer> call(String s) throws Exception {
            return new Tuple2(s,1);
        }
    }).reduceByKey(new Function2<Integer, Integer, Integer>() {//2.合并具有
相同键的值
        @Override
        public Integer call(Integer a, Integer b) throws Exception {
            return a+b;            //3.键相同,则对应的值相加
        }
    });
    JavaRDD<FenciBean> fenciBeanJavaPairRDD=fenciResult.map( line -> {
        FenciBean fenciBean=new FenciBean();
        fenciBean.setWords(line._1);
        fenciBean.setCt(line._2);
        return fenciBean;
    });
    /**
     * 第三步:基于已有的元数据以及 RDD<Row>来构造 DataFrame
     */
    Dataset commentDf = sqlContext.createDataFrame(commentBeanJavaRDD, CommentBean.
class);
```

```
        Dataset fenciDf=sqlContext.createDataFrame(fenciBeanJavaPairRDD,FenciBean.class);
        commentDf.createOrReplaceTempView("phoneCommentList"); //创建临时视图名
        fenciDf.createOrReplaceTempView("fenciView");
        //统计
        //1.商品对不同等级会员的销售倾向
        Dataset<Row> phoneLevelSaleDf = spark.sql("SELECT  product_id,user_level,
count(*) ct  FROM phoneCommentList group by product_id,user_level ");
        //2.买家对商家销售的手机商品的印象
        Dataset<Row> impressDf = spark.sql("SELECT  product_id,score,count(*)
ct  FROM phoneCommentList group by product_id,score ");
        //3.分词统计
        Dataset<Row> fenciData=spark.sql("select * from fenciView");
        /**
         * 第四步：将数据写入到数据库中
         */
        System.out.println("评论数据量: "+commentDf.count());
        System.out.println("phoneLevelSaleDf 数据量: "+phoneLevelSaleDf.count());
        System.out.println("impressDf 数据量: "+impressDf.count());
        System.out.println("fenciData 数据量: "+fenciData.count());
        commentDf.write().mode(SaveMode.Overwrite).jdbc(url,"phoneCommentList",connec-
tionProperties);                              //评论详情
        phoneLevelSaleDf.write().mode(SaveMode.Overwrite).jdbc(url,
"phoneLevelSale", connectionProperties);          //商品对不同等级的会员销售量
        impressDf.write().mode(SaveMode.Overwrite).jdbc(url,"impression",connec-
tionProperties);                              //买家对商家销售的手机商品的印象
        fenciData.write().mode(SaveMode.Overwrite).jdbc(url,"fenci",connection-
 Properties);                                //高频词汇统计
        sc.close();
    }
}
```

2）对手机列表进行详细分析。

对手机列表进行的详细分析包含手机列表详细信息和评论数前十的数据，依次将其
存入表 phoneList 和 phoneRank 中。

```
com.cz.PhoneListAnaly
public class PhoneListAnaly {
    public static void main(String[] args){
        MysqlConfig mysqlConfig=new MysqlConfig();
        Properties connectionProperties = mysqlConfig.getMysqlProp();
        String url=connectionProperties.get("url")+"";
        SparkConf conf = new SparkConf().setAppName("HelloWorld") .setMaster("local");
        JavaSparkContext sc = new JavaSparkContext(conf);
        SQLContext sqlContext = new SQLContext(sc);
        SparkSession spark = SparkSession.builder().config(conf).getOrCreate();
```

```java
String textInput="data/jd_phone_list.csv";
JavaRDD<String> phoneListData = sc.textFile(textInput);
/**
 * 第一步:
 */
//1.过滤第一行标题数据
String headers=phoneListData.first();
phoneListData = phoneListData.filter(new Function<String, Boolean>() {
    @Override
    public Boolean call(String s) throws Exception {
        return !s.equals(headers);
    }
});
//2.在 RDD 的基础上创建类型为 Row 的 RDD
//将 RDD 变成类型为 Row 的 RDD。Row 可以简单理解为 Table 的一行数据
JavaRDD<Row> personsRDD = phoneListData.map(new Function<String, Row>() {
    @Override
    public Row call(String line) throws Exception {
        String[] splited = line.split(",");
        String comment=splited[3];
        double commentNum=0;
        if(comment.contains("万")){
            commentNum=Double.parseDouble(
                comment.replace("万","").replace("+",""))*10000;
        }
        return RowFactory.create(
                splited[0],
                splited[1],
                splited[2],
                commentNum,
                splited[4],
                splited[5]
        );
    }
});
/**
 * 第二步:动态构造 DataFrame 的元数据
 */
List structFields = new ArrayList();
structFields.add(DataTypes.createStructField("productName",
                                    DataTypes.StringType, true));
structFields.add(DataTypes.createStructField("productId", DataTypes.StringType,
true));
    structFields.add(DataTypes.createStructField("price", DataTypes.StringType,
```

```
rue));
        structFields.add(DataTypes.createStructField("comment", DataTypes.DoubleType,
rue));
        structFields.add(DataTypes.createStructField("company", DataTypes.StringType,
true));
        structFields.add(DataTypes.createStructField("href", DataTypes.StringType,
true));
        //构建 StructType,用于最后的 DataFrame 元数据的描述
        StructType structType = DataTypes.createStructType(structFields);
        /**
         * 第三步:基于已有的元数据以及 RDD<Row>来构造 DataFrame
         */
        Dataset personsDF = sqlContext.createDataFrame(personsRDD, structType);
        personsDF.createOrReplaceTempView("phoneComment"); //创建临时视图名
        //取评论数前 10 的数据
        Dataset<Row> namesDF = spark.sql("SELECT productName,productId,comment
FROM phoneComment order by comment desc limit 10 ");
        /**
         * 第四步:将数据写入到数据库中
         */
        personsDF.write().mode(SaveMode.Append).jdbc(url, "phonelist", connection-
Properties);                         //插入详细列表
        namesDF.write().mode(SaveMode.Append).jdbc(url, "phoneRank", connection-
Properties);                         //选择手机品牌,查看该品牌销量前 5 的型号
        sc.close();
    }
    public static void print(String message){
        System.out.println(message);
    }
}
```

3)保存手机属性数据。

```
com.cz.phoneDetail.PhoneDetail
class PhoneDetail {
    public static void main(String[] args){
        MysqlConfig mysqlConfig=new MysqlConfig();
        Properties connectionProperties = mysqlConfig.getMysqlProp();
        String url=connectionProperties.get("url")+"";
        SparkConf conf = new SparkConf().setAppName("HelloWorld") .setMaster("local[8]");
        JavaSparkContext sc = new JavaSparkContext(conf);
        SQLContext sqlContext = new SQLContext(sc);
        SparkSession spark = SparkSession.builder().config(conf).getOrCreate();
        String textInput="data/jd_phone_detail.csv";
        JavaRDD<String> personData = sc.textFile(textInput);
```

216

```
/**
 * 第一步：
 */
//1.过滤第一行标题数据
String headers=personData.first();
personData = personData.filter(new Function<String, Boolean>() {
    @Override
    public Boolean call(String s) throws Exception {
        return !s.equals(headers);
    }
});
//2.在 RDD 的基础上创建类型为 Row 的 RDD
//将 RDD 变成类型为 Row 的 RDD。Row 可以简单理解为 Table 的一行数据
JavaRDD<PhoneDetailBean> commentBeanJavaRDD = personData.map(new Function
<String, PhoneDetailBean>() {
        @Override
        public PhoneDetailBean call(String line) throws Exception {
            PhoneDetailBean phoneDetailBean=new PhoneDetailBean();
            String[] splited = line.split(",");
            if(splited.length==17)
            {
                phoneDetailBean.setBrandname(splited[0]);
                phoneDetailBean.setProductName(splited[1]);
                phoneDetailBean.setProductId(splited[2]);
                phoneDetailBean.setWeight(splited[3]);
                phoneDetailBean.setChandi(splited[4]);
                phoneDetailBean.setXitong(splited[5]);
                phoneDetailBean.setHoudu(splited[6]);
                phoneDetailBean.setPaizhao(splited[7]);
                phoneDetailBean.setDianchi(splited[8]);
                phoneDetailBean.setPingmu(splited[9]);
                phoneDetailBean.setYanse(splited[10]);
                phoneDetailBean.setFunction(splited[11]);
                phoneDetailBean.setYunxingmemory(splited[12]);
                phoneDetailBean.setQianzhishexiang(splited[13]);
                phoneDetailBean.setHouzhishexiang(splited[14]);
                phoneDetailBean.setWangluo(splited[15]);
                phoneDetailBean.setXitongneicun(splited[16]);
            }
            return phoneDetailBean;
        }
});
/**
 * 第三步：基于已有的元数据以及 RDD<Row>来构造 DataFrame
```

```
    */
    Dataset commentDf = sqlContext.createDataFrame(
                        commentBeanJavaRDD, PhoneDetailBean.class);
    commentDf.write().mode(SaveMode.Overwrite).jdbc(url,
                        "phoneDetail", connectionProperties); //评论详情
    sc.close();
    }
}
```

4）通用工具类。

```
com.cz.util.Sutil
public class Sutil {
    public static boolean isDirectByFile(File file){
        if (!file.exists() && !file.isDirectory()) { //如果文件夹不存在则创建
            return false;
        } else{
            return true;
        }
    }
    public static boolean isDirectByPath(String filePath){
        File file =new File(filePath);
        if (!file.exists() && !file.isDirectory()){
            return false;
        } else{
            return true;
        }
    }
    public static Double StringToDouble(String temp){
        try{
            return Double.parseDouble(temp);
        }catch (Exception e){
            return 0.0;
        }
    }
    public static int StringToInt(String temp){
        try{
            return Integer.parseInt(temp);
        }catch (Exception e){
            return 0;
        }
    }
    //除数为0.0时，结果为 NaN 或者 Infinite
    public static double NumerChu(double temp){
```

218

```
            if (Double.isNaN(temp)||Double.isInfinite(temp)){
                return 0.0;
            }else {
                return temp;
            }
        }
    }
    public static String dateStrToString(String strDate){
        String result="";
        try {
            SimpleDateFormat   simpleDateFormat=new   SimpleDateFormat("yyyy-mm-
ddHH:MM:SS");
            Date date=simpleDateFormat.parse(strDate.replace("T",""));
            SimpleDateFormat f=new SimpleDateFormat("yyyyMMddHHmm");
            result=f.format(date);
        }catch (Exception e){
        }
        return result;
    }
    private static String matchDateString(String dateStr) {
        try {
            List matches = null;
            Pattern  p  =  Pattern.compile("(\\d{1,4}[-|\\/|年|\\.]\\d{1,2}[-
|\\/|月|\\.]\\d{1,2}([日|号])?(\\s)*(\\d{1,2}([点|时])?((:)?\\d{1,2}
(分)?((:)?\\d{1,2}(秒)?)?)?)?)?(\\s)*(PM|AM)?)", Pattern.CASE_INSENSITIVE|Pattern.
MULTILINE);
            Matcher matcher = p.matcher(dateStr);
            if (matcher.find() && matcher.groupCount() >= 1) {
                matches = new ArrayList();
                for (int i = 1; i <= matcher.groupCount(); i++) {
                    String temp = matcher.group(i);
                    matches.add(temp);
                }
            } else {
                matches = Collections.EMPTY_LIST;
            }
            if (matches.size() > 0) {
                return ((String) matches.get(0)).trim();
            } else {
            }
        } catch (Exception e) {
            return "";
        }
        return dateStr;
```

```
    }
    public static void main(String[] args) {
        String iSaid = "你好，20181131-163422，我们会顺利完成这项工作！";
        String dateReg="\\d{4}[0|1]\\d[0|1|2|3]\\d-[0|1|2]\\d{3}";
        Pattern p = Pattern.compile(dateReg);
        Matcher matcher = p.matcher(iSaid);
        if (matcher.find()) {
            System.out.println(matcher.group());
        }
    }
}
```

7.3.2 商品信息存储

在分析和处理手机和用户评论数据之后，连接 MySQL 数据库，存储到 bigdata 数据库中。系统主要涉及七张数据表，分别是手机基础信息表、手机排名表、手机颜色销量表、手机详细信息表、手机评论信息表、手机印象表和手机评论分词表。

手机基础信息表见表 7-1，该表描述了手机的基本信息。

表 7-1　手机基础信息表

序号	字段名称	字段类型	是否为主键	是否为外键	含义
1	productName	text	否	否	商品名称
2	productId	text	否	否	商品 ID
3	price	text	否	否	商品价格
4	comment	double	否	否	评论数
5	company	text	否	否	商铺名称
6	href	text	否	否	详情页链接

手机排名表见表 7-2，该表描述了评论数排名前十的手机信息。

表 7-2　手机排名表

序号	字段名称	字段类型	是否为主键	是否为外键	含义
1	productName	text	否	否	商品名称
2	productId	text	否	否	商品 ID
3	comment	double	否	否	评论数

手机颜色销量表见表 7-3，该表描述了不同颜色手机的销售量。
手机详细信息表见表 7-4，该表描述了手机的详细配置信息。
手机评论信息表见表 7-5，该表描述了手机评论的相关信息。

220

表 7-3　手机颜色销量表

序号	字段名称	字段类型	是否为主键	是否为外键	含义
1	product_Id	text	否	否	商品 ID
2	product_color	text	否	否	商品颜色
3	ct	bigint	否	否	该颜色手机数量

表 7-4　手机详细信息表

序号	字段名称	字段类型	是否为主键	是否为外键	含义
1	brand	text	否	否	品牌
2	productName	text	否	否	商品名称
3	productId	text	否	否	商品编号
4	productWeight	text	否	否	商品毛重
5	productHome	text	否	否	商品产地
6	system	text	否	否	系统
7	productThickness	text	否	否	机身厚度
8	camera	text	否	否	摄像头数量
9	battery	text	否	否	充电器
10	screen	text	否	否	分辨率
11	function	text	否	否	热点
12	runningMemory	text	否	否	运行内存
13	frontCameraElement	text	否	否	前置摄像头像素
14	backCameraElement	text	否	否	后置摄像头像素
15	systemMemory	text	否	否	机身存储

表 7-5　手机评论信息表

序号	字段名称	字段类型	是否为主键	是否为外键	含义
1	Id	text	否	否	序号 ID
2	product_Id	text	否	否	商品 ID
3	guid	text	否	否	guid
4	content	text	否	否	评论内容
5	create_time	text	否	否	评论时间
6	reference_Id	text	否	否	参考 ID
7	reference_time	text	否	否	参考时间
8	score	text	否	否	商品得分
9	nickname	text	否	否	用户昵称
10	product_color	text	否	否	手机颜色
11	product_size	text	否	否	手机大小

手机印象表见表 7-6，该表描述了用户对手机的评分情况。

手机评论分词表见表 7-7，将对评论数据进行分词处理以后的结果存入该表中。

表 7-6　手机印象表

序号	字段名称	字段类型	是否为主键	是否为外键	含义
1	product_Id	text	否	否	商品 ID
2	score	text	否	否	评价分数
3	ct	bigint	否	否	该颜色手机数量

表 7-7　手机评论分词表

序号	字段名称	字段类型	是否为主键	是否为外键	含义
1	words	text	否	否	分词结果
2	ct	int	否	否	该颜色手机数量

7.3.3　调试分析

（1）代码打包并将其上传至服务器

按照 4.4.1 节的方法，将数据处理模块的代码打包，包命名为 spark_analy.jar，然后将其上传至/usr/local/soft/路径下。

（2）删除 jar 包中多余信息

上传到服务器后，在 jar 包所在路径下运行以下命令，去掉 jar 包中多余的信息，否则运行时会找不到主方法。

```
[root@centos01 soft]#zip -d phone_analy.jar 'META.INF/.SF' 'META.INF/.RSA'
'META.INF/*SF'
```

（3）启动 Spark 服务器

执行如下命令，启动 Spark 服务器。

```
[root@centos01 spark]#spark-submit--class com.cz.PhoneListAnaly -driver-
memory 2g -executor-memory 2g -executor-cores 3 /usr/local/soft/spark_analy.jar
```

Spark 任务提交成功后，会生成 7 张 MySQL 数据库表，如图 7-6 所示。

图 7-6　生成的数据库表

7.4　数据可视化模块实现

本节介绍 Apache Superset 连接数据库、生成可视化图表的步骤，并对图表进行具体的调试分析。

222

7.4.1 使用 Superset 连接 MySQL 数据库

数据可视化使用 Apache Superset 连接 MySQL 数据库，读取 bigdata 数据库中的表，选择过滤条件，选择合适的图表进行可视化。

关于 Apache Superset 的使用方法以及如何连接 MySQL 数据库，请参见扩展视频 18。

（1）新增数据库

1）在数据源菜单中选择数据库，进入页面后单击右上角绿色的"+"号新增一个数据库。

2）填写数据库配置相关信息，单击"测试连接"，出现"seems OK!"表明数据库连接成功。

扩展视频 18

（2）新增数据表

1）在数据源菜单中选择数据表，进入页面后单击右上角的"+"号新增一个数据表。

2）下拉选择刚刚配置的数据库，并填写数据库中存在的某个表名，单击"保存"按钮。

3）选择编辑表，在页面中为每个列勾选后续数据分析时会使用到的一些属性，经过上述操作，便为后续的数据可视化操作提供了一个数据表充当数据源。

（3）新增看板

1）单击"看板"，进入页面后单击右上角的"+"号新增一个看板。

2）填写看板名并选择所属者，单击"保存"按钮。

完成上述操作后，便在系统内新增了一个看板来存储后续生成的可视化图表。

7.4.2 调试分析

在 cmd 中执行如下命令，启动 Superset，启动结果如图 7-7 所示。

```
superset run -p 8088 --with.threads --reload –debugger
```

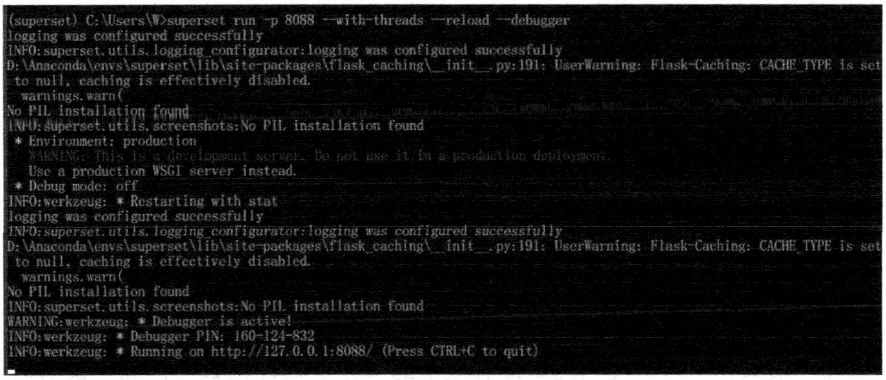

图 7-7　Superset 成功启动

对手机评论数据进行分词，根据分词结果进行可视化，词云图结果如图 7-8 所示。结果显示，除"的""了"等单字外，"手机""不错"等词频率较高，说明京东商城的手机在消费者中的满意度较高。

图 7-8　分词结果可视化

不同品牌手机的品牌数量统计图如图 7-9 所示。结果显示，华为手机数量最多，说明京东商城中华为手机的受欢迎度较高。

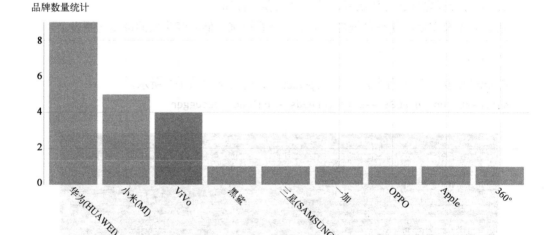

图 7-9　品牌数量统计图

对手机评论数量进行统计及排序，手机评论数排名前十统计图如图 7-10 所示。结果显示，ViVo、荣耀、华为、飞利浦等品牌旗下的部分手机评论数都很高，说明这些手机的销量较高，可以作为消费者购买手机的参考指标之一。

对不同手机的系统进行统计，手机系统统计图如图 7-11 所示。从图 7-11 可以看出，市面上的手机大部分都选用 Android（安卓）系统，说明安卓系统技术成熟，更能迎合国人习惯。

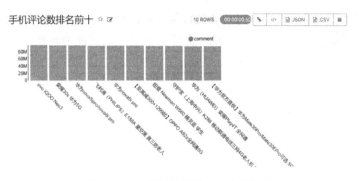

图 7-10　手机评论数排名前十统计图

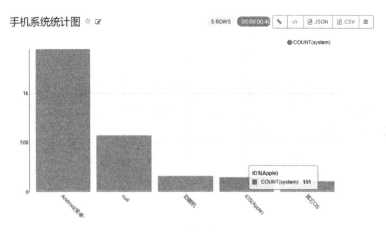

图 7-11　手机系统统计图

对不同价格手机数量进行统计，手机价格分布图如图 7-12 所示。结果显示，1000～2000元的手机居多，该价位手机性价比较高，对于没有特殊需求的消费者来说更实惠；7000～10000元的手机很少，属于高端机型，性能更优越，但价格过高，一般消费者接受能力相对较弱。

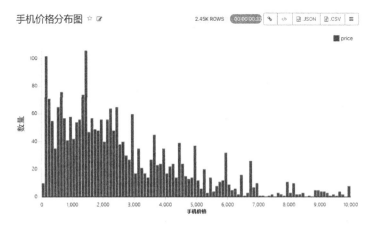

图 7-12　手机价格分布图

对各级别会员数量进行可视化，会员数量分布图如图 7-13 所示。结果显示，PLUS会员人数约占所有会员人数的一半，说明大部分会员的消费能力较高。

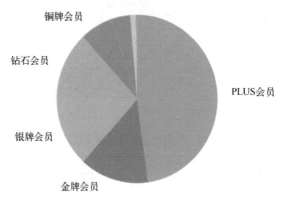

图 7-13　会员数量分布图

对手机系统内存大小进行可视化，手机内存配置统计图如图 7-14 所示。结果显示，忽略 N/A（无数据）后，内存配置中 8GB+128GB 的手机数量最多，说明手机市场中该配置的手机相对更受到消费者的喜爱。

手机内存配置统计图 ☆ ☑	1.76K ROWS	00:00:01.13	🔗	</>	📊 .JSON	📄 .CSV	☰

product_size	COUNT(*)
N/A	2.93k
8GB+128GB	1.36k
6GB+128GB	940
8GB+256GB	513
8G+128G	368
全网通	362
64G 全网通	336
官方标配	291
4GB+64GB	283
12GB+256GB	282
6GB+64GB	278
128GB	273
4GB+128GB	269
全网通8GB+128GB	236
8G+256G	231
6G+128G	229

图 7-14　手机内存配置统计图

本章小结

本章从数据的采集与清洗、数据的存储、数据的分析处理到结果的可视化，以案例形式介绍如何构建一个简单的离线大数据分析处理系统。本章的重点是在熟悉系统架构和业务流程的前提下，读者自己动手开发大数据系统。

本章练习

一、简答题

1. 在爬取京东数据时，如何避免程序被服务器识别为爬虫程序？
2. RDD 是什么？生成 RDD 的方法有哪些？
3. Superset 连接 MySQL 时的 URL 具体是指什么？

二、编程题

已知字段内容如下：

```
Bob,DataBase,80
Tom,Math,78
Any,Python,60
Jim,DataBase,90
Bob,Math,60
Jim,DataStructure,81
Angel,Math,91
Bob,Python,85
Any,English,80
```

要求结合 Spark 技术，编写代码实现以下要求。

1. 计算出总共有多少学生。
2. 计算 Jim 同学的平均分。
3. 计算 Math 科目的平均成绩。
4. 计算总共开设了多少门课程。

参 考 文 献

[1] 林子雨. 大数据技术原理与应用：概念、存储、处理、分析与应用[M]. 2 版. 北京：人民邮电出版社，2017.

[2] 黑马程序员. Spark 大数据分析与实战[M]. 北京：清华大学出版社，2019.

[3] 刘鹏. 大数据实验手册[M]. 北京：电子工业出版社，2017.

[4] WHITE T. Hadoop 权威指南：第 2 版[M]. 华东师范大学数据科学与工程学院，译. 北京：清华大学出版社，2011.

[5] CHAMBERS B, ZAHARIA M. Spark 权威指南[M]. 张岩峰，王方京，陈晶晶，译. 北京：中国电力出版社，2020.

[6] 陈祥琳. CentOS Linux 系统运维[M]. 北京：清华大学出版社，2016.

[7] SHOTTS W E. Linux 命令行大全[M]. 郭光伟，郝记生，译. 北京：人民邮电出版社，2013.